本书为吉林省社会科学基金项目成果，获长春师范大学专著出版计划项目支持

Research on Satellite Industry Organization in the United States

美国卫星产业组织研究

李卓键 著

中国社会科学出版社

图书在版编目（CIP）数据

美国卫星产业组织研究／李卓键著 . —北京：中国社会科学出版社，2023. 12
ISBN 978 - 7 - 5227 - 2484 - 3

Ⅰ. ①美… Ⅱ. ①李… Ⅲ. ①卫星导航—产业发展—研究—美国
Ⅳ. ①TN967. 1②F471. 265

中国国家版本馆 CIP 数据核字（2023）第 155166 号

出 版 人	赵剑英	
责任编辑	许 琳	
责任校对	李 硕	
责任印制	郝美娜	

出 版	中国社会科学出版社	
社 址	北京鼓楼西大街甲 158 号	
邮 编	100720	
网 址	http://www.csspw.cn	
发 行 部	010 - 84083685	
门 市 部	010 - 84029450	
经 销	新华书店及其他书店	

印 刷	北京君升印刷有限公司	
装 订	廊坊市广阳区广增装订厂	
版 次	2023 年 12 月第 1 版	
印 次	2023 年 12 月第 1 次印刷	

开 本	710 × 1000 1/16	
印 张	14. 25	
字 数	213 千字	
定 价	88. 00 元	

凡购买中国社会科学出版社图书，如有质量问题请与本社营销中心联系调换
电话：010 - 84083683

目　　录

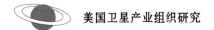

第一章 绪 论

第一节 选题背景及意义

一 选题背景

在现代社会，物联网、人工智能等技术催生的第四次工业革命正在急速刷新传统制造业的生产方式与商业模式①，世界经济与政治秩序面临重新定义，新的时代正在降临。新时代的主旋律仍是和平与发展，但局部战争的阴霾并未消失。2018 年 4 月，美国联合英法利用先进导弹对叙利亚军事设施的"精准打击"，使世界再次惊愕于美国这种"毫无限制"的全球介入能力②。通过卫星进行精确的定位提高单兵、部队以及整个作战系统的打击能力，进而极大提高指挥官对作战全局的把控能力。回溯至 2001 年的阿富汗战争、2003 年的伊拉克战争、2011 的利比亚战争等，美国的卫星技术在空天立体式作战中皆发挥了重要作用，可谓军力"倍增器"和国防战略的"赋能器"③。

卫星产业发展状况不仅标志着科技与国防实力，同时也随着新时代进入人们生活的点滴，不再是遥不可及的"高边疆"。卫星导航定位、卫星通信广播、卫星遥感等技术提高了人们生活品质、助力防灾减灾与

---

① ［英］赫伯特·乔治·威尔斯：《世界简史》，慕青译，中国商业出版社 2017 年版，第 3 页。

② 夏立平：《美国太空战略与中美太空博弈》，世界知识出版社 2015 年版，第 16 页。

③ 何奇松：《"天基丝路"助推"一带一路"战略实施——军事安全保障视角》，《国际安全研究》2016 年第 3 期。

城市建设，也使美国卫星产业有巨大的经济获利空间。全球卫星产业收入平均约占航天产业总收入的65%，并呈上升趋势，2016年占比达到76.82%。据美国蔡斯计量经济学会统计显示，美国在航天领域每投入1美元，将产生7—14美元回报。因此，美国自冷战时期起，始终对卫星产业给予政策与资金投入等方面的大力扶持，从而增强美国的军备能力和经济实力，使卫星产业在美国军事行动、国土安全、经济贸易和国家战略决策等方面均发挥重要作用。

由此可见，卫星产业已成为兼具经济效益与保障国家安全双重意义的新兴产业。随着卫星技术的广泛应用，卫星产业的战略性地位已被全球所认知，其在国际政治与军事领域以及经济技术领域的先进性是显著的。如今的太空（Space）作为最后的"全球公域"，具有拥挤性（Congested）、对抗性（Contested）和竞争性（Competitive）的3C特征，已成为最激烈的高技术制造竞技场。当前新时代赋予新的发展契机，将卫星产业作为航天这一战略性新兴产业的主体，推动我国卫星产业快速发展，从而增强国防军力并培育新经济增长点符合新时代潮流。

二　选题意义

在新时代下，当前世界秩序已从美国治下的单极世界成为一个复合世界①，但美国卫星产业发展状况依然在全球保持领先态势。在全球卫星产业中较有竞争力的国家和组织主要有美国、欧盟、俄罗斯、中国、日本及印度等。其中，美国航天竞争力指数（Space Competitiveness Index，SCI）排名持续居于首位。② 卫星发射能力与核能力一脉相承，美国卫星产业在对外经贸领域及国防军事领域的领先优势奠定了美国的国际地位。第二次世界大战结束后，冷战期间的美国与苏联展开了太空争霸战。在当时，卫星产业的发展思路主要是服务于军事目的，并且在国际政治方面造成对对方阵营的威慑力，增强"国家威信"。新时代的世界

---

① ［加拿大］阿米塔·阿查亚：《美国世界秩序的终结》，袁正清、肖莹莹译，上海人民出版社2017年版，第3—13页。

② Futron, Space Competitiveness Index, http：//fortune. com/data-store/.

经济与政治秩序面临重新定义，为发展中国家的经济发展与政治地位提升提供了契机。在世界范围内形成了利用航天技术、抢占未来发展先机的热潮。[①] 而在段航天产业中，以太空基础设施为核心的卫星及应用产业是航天战略性新兴产业的主体。美国在历次《国家安全战略》中多次称中国为"对手"，并利用技术优势对外结盟，以便对"对手"形成威慑，在这场政治博弈中卫星产业优势无疑是有效的筹码。

卫星产业作为高技术产业对其他产业作用不容忽视，能极大地助力其他产业发展，如农业、林业、海洋、国土、环境保护、测绘等。冷战结束以后，随着经济的复苏与发展，美国等工业强国将卫星产业发展逐步转向民用与商业用途，形成了投入多、规模大、效益好的产业特点。卫星产业逐渐从国防军工性工业向产业化、服务化、商业化转型。美国是卫星产业发展大国，近年来，美国卫星产业收入平均约占全球卫星产业收入的43%。我国卫星产业起步较晚，在卫星制造和发射等诸多方面存在不足。加快卫星产业发展有助于更好实现保卫国家安全的职能，也有助于以高技术产业促进经济转型与发展，把握时代脉搏。卫星产业作为航天产业的一个分支，在信息、新材料、新能源、节能环保和生物医药等领域的转化应用对战略性新兴产业的发展有巨大促进作用，因而被定位为战略性新兴产业的重点发展方向。[②] 因此，如何系统认识美国卫星产业发展经验及规律，对于我国国防军事建设与社会主义经济建设均具有一定的理论意义与实践意义。

第二节 国内外研究现状

第一，卫星产业属于高技术型战略新兴产业，国家对科技研发投入的多少、科技水平的高低以及产业配套是否完善等条件对卫星产业发展至关重要。因此，国内外对于卫星领域的研究一般从卫星技术角度出发，

---

① 高杨予兮、徐能武：《商业航天发展与大国关系演进》，《现代国际关系》2020年第6期。

② 栾恩杰、王礼恒等：《航天领域培育与发展研究报告》，科学出版社2015年版，第2页。

基于经济学视角的研究不多。

第二，相对于其他成熟产业，卫星产业作为航天产业的子产业，数据披露多以航空航天及国防产业笼统概括，卫星产业通常在对航天（亦称太空，Space）产业的研究中被提及，亦或是在外空研究中被提及。

第三，卫星产业属于具有战略意义、涉及国家安全的特殊产业，因此对外披露的内容多具限制，如美国《卫星产业状况报告》自 2018 年起不再公布有关美国卫星产业情况具体数据，只对全球情况作出统计，数据的稀缺性和不连贯性对研究工作造成一定障碍。因此，专门以卫星产业为对象的系统化研究相对较少。但美国作为全球卫星产业大国，由于其卫星产业发展市场化程度相对较高，商业化管理模式相对成熟，行业组织与行业协会发展相对健全，数据披露较详细，具备一定研究基础和价值。

本书以美国卫星产业为主体，从产业组织理论视角对美国卫星产业情况进行研究，因此，本书的国内外研究现状综述均是围绕产业经济学视角展开研究和讨论的，与卫星领域相关的前沿技术探讨类文献未包含在本书的综述中。

一　国外研究现状

国外可公开披露的有关美国卫星产业的经济学研究文献不多，多数可获得的研究成果是集中于某一卫星技术领域，且对于此类具有战略性的特殊产业相关文献的解密在时间上具有滞后性。由于卫星产业是航天产业一部分，二者有着紧密联系，因此，在国外研究现状综述中不仅包含卫星产业相关文献，也综合了与航天产业有关文献。本文根据各类文献研究的主体内容重点不同进行分类，将其研究的核心观点大致分为以下几类：

1. 相关行业报告与数据统计

国际上关于卫星产业总体收入与贸易的统计，主要有以下来源：一是美国卫星产业协会（Satellite Industry Association，SIA）发布的《卫星产业状况报告》，协会的研究主要基于能够公开获得的各种数据及资料，涵盖了政府报告、国会记录以及行业协会和私营研究机构提供的数据等；① 二是美国航天基金会（Space Foundation）发布的《航天报告》，以调研业内 80 多家公司得到的数据为基础，以相关协会、组织和公司的行业市场分析和财务报告为补充，得出产业收入和统计结果。② 三是美国航天工业协会（Aerospace Industries Association，AIA）每年发布的《事实与数字》，对美国航天产业发展情况及贸易量的变化进行统计。③ 四是，忧思科学家联盟（Union of Concerned Scientists，UCS）对全球实际在轨卫星按照国别、用途、发射目的等做出的统计。④ 此外，还有商业咨询公司受托做出的调查统计，如美国布莱斯太空技术公司（Bryce Space and Technology）原陶锐集团（Tauri Group）做出的《人类轨道太空飞行统计》《商业太空运输年度简编》《全球太空工业动态》等，⑤ 以及欧洲咨询公司（Euroconsult）做出的《卫星产业链》等产业报告。⑥ 但由于统计口径不一致，统计数据在分类和数值上均有差别。

2. 卫星产业技术扩散研究

Launius（1996）认为，为解决卫星技术投入大、转化难度高的问题，美国、意大利等市场经济发达的西方国家在初期通常也需要由政府相关部门（如美国 NASA）牵头并制定技术转化计划，鼓励研究。⑦ Winthrop（2002）认为，研发支持计划是在美国国防部（DOD）及美国国家

---

① Satellite Industry Association, State of the Satellite Industry Report, https：//www. sia. org/ news-resources/.

② Space Foundtion, The Space Report, https：//www. thespacereport. org/resources/economy/ annual-economy-overviews.

③ AIA, 2017 Facts & Figures, https：//www. aia-aerospace. org/report/2017-facts-figures/.

④ Union of Concerned Scientists Database, https：//www. ucsusa. org/nuclear-weapons/space-weapons/satellite-database? _ ga = 2. 240106947. 1379936430. 1547904326-771602479. 1547904326 #. XEOzx_ kzaUl.

⑤ Bryce Space and Technology, Global Space Industry Dynamics, https：//brycetech. com/reports. html.

⑥ Euroconsult, Satellite Value Chain, www. euroconsult-ec. com.

⑦ Roger D. Launius ed. , "Space Program Funding-he Who Dared, NASA：A History of the US Civil Space Program", *Space Policy*, Vol. 12, 1996, pp. 225 – 226.

航空航天局（*NASA*）支持或主持下进行的；① Petroni（2000）认为，意大利卫星产业也是在意大利航天局（ASI）所制定的一系列技术转化计划支持下展开的。② 在卫星产业技术转化逐渐成熟后政府逐步放权，Tur-cat（2008）认为，西方国家在技术转化运行顺畅后，通常选择由市场主导进行，政府所扮演的多为"组织者""裁判"和"会计"的角色，不再直接插手市场行为。③ 自 2011 年以来，重量不足 50 千克的卫星年度发射数量增加了一个数量级。这一趋势部分是由于全球小型卫星技术扩散所致。新兴国家比以往任何时候都更多地参与与航天有关的活动。然而，诸如缺乏资金和不发达的人力资源等障碍阻碍了许多国家启动或维持航天计划。④ 卫星技术扩散对社会发展有积极作用。Kansakar（2016）认为，遥感卫星数据可用于分析和制定措施以解决气候变化、自然灾害和疾病暴发等重要的全球问题。美国国家航空航天局（NASA）是卫星对地观测（EO）数据的最大生产者和保护者之一，在确保这些资源用于解决全球社会问题方面发挥重要作用。然而，遥感应用的程度在世界不同地区有较大差异。文中讨论了对地观测数据在全球范围内实现的关键社会应用，还总结了 NASA 支持的各种计划对目标受益社区的积极影响。阐述了遥感数据对土地覆盖、土地利用、制图、碳生物量评估、粮食安全、灾害管理、水体和海洋管理以及健康和空气质量评估的作用。⑤

① Michael F. Winthrop, Richard F. Deckro, Jack M. Kloeber Jr. , "Government R&D Expenditures and US Technology Advancement in the Aerospace Industry: A Case Study", *Journal of Engineering and Technology Management*, Vol. 19, 2002, pp. 287 – 305.

② Giorgio Petroni, Chiara Verbano, "The Development of a Technology Transfer Strategy in the Aerospace Industry: the Case of the Italian Space Agency", *Technovation*, Vol. 20, 2000, pp. 345 – 351.

③ Nicolas Turcat, "The Link Between Aerospace Industry and NASA During the Apollo Years", *Acta Astronautica*, Vol. 62, 2008, pp. 66 – 70.

④ John L. Polansky, Mengu Cho, "A University-based Model for Space-related Capacity Building Inemerging Countries", *Space Policy*, Vol. 36, April 2016, pp. 19 – 23.

⑤ Pratistha Kansakar, Faisal Hossain, "A Review of Applications of Satellite Earth Observation Data for Global Societal Benefit and Stewardship of Planet Earth", *Space Policy*, Vol. 36, May 2016, pp. 46 – 54.

3. 卫星产业商业市场发展研究

从政府机构做出的努力上看，欧洲航天局（European Space Agency, ESA）（1999）认为，卫星应用领域将会成为提供新产品和新服务的市场，它们将会用优惠的政策吸引私人资本投资于卫星应用领域以加快产业的发展。[①] 美国政府认为，应当在政府投入资金开展研究与开发（R&D）的同时发展卫星市场的商业化运作，以此增强美国卫星产业的国际竞争力，有计划地实行卫星产业商业化。John L. Polansky、Mengu Cho（2006）认为，商业航天活动的私人投资应当大幅增加。随着与航天有关的活动越来越具有商业可行性并且公众可以获取，我们正在进一步远离政府（作为主要资金来源以及对太空进入的控制）事实上，控制着航天技术发展的时代。[②] Leary（2003）认为，一般美国政府不直接参与商业太空业务。国家航天机构必须与其他政府计划和机构竞争年度预算，但是即使资金得到保障，项目仍然可能受政治因素影响而发生预算削减或提前终止项目的情况。[③] Frank Morring（2006）认为，越来越多的学者认识到政府不能也不应该试图在太空中做所有事情，并且自己完成所有工作，因此提出了私人合作伙伴关系和政府赞助的各种太空探索领域技术发展奖项的建议。NASA通过嘉奖和其他方式为商业企业提供大量资金，其目标是让私营企业来履行部分美国航空航天局的专门职能。[④] Lisa Daniel（2007）介绍了美国Wildbule公司发展农村卫星宽带接入业务的成功经验，认为卫星通信在没有光缆接入的地区市场巨大；他指出，无线远程宽带接入服务的价格比地面宽带接入服务更贵一些，在未来，地面设备制造业和卫星运营业将"平分秋色"。[⑤]

[①] European Space Agency, "The International Space Station: a Tool for European Industry", *Air & Space Europe*, Vol. 4, 1999, pp. 53 – 57.

[②] Martin Redfem, Human Spaceflight Goes Commercial, (2006 – 03 – 21) [2018 – 04 – 15], http://news.bbc.co.Uk/l/hi/sci/tech/4828404.stm.

[③] Warren E. Leary, "Not So Fast, Lawmakers Say of NASA Plans for Space Plane", *New York Times*, Vol. 10, 2003, pp. 22 – 23.

[④] Frank Morring, "Industry to Have Role in Plotting Lunar Exploration", *Aviation Week & Space Technology*, Vol. 2, 2006, pp. 164 – 165.

[⑤] Lisa Daniel, "Satellite Operators Face More Competition in Rural Areas", *Satellite and Network*, Vol. 5, 2007, pp. 48 – 51.

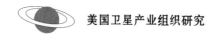

4. 卫星产业经济绩效研究

美国卫星产业的经济绩效研究一般由专门组织开展，这主要是由于特殊行业数据的保密性使得学者受制于资料的可获得性。美国蔡斯计量经济学会（Chase Econometric Association，CEA）专家经统计分析后得出结论，NASA 的 R&D 投入在 1975—1984 年间投入产出比为 1∶14，投资回报率约为 43%。[①] 美国中西部研究所（Midwest Research Institute，MRI）1988 年研究认为，NASA 的 R&D 投入产出比 1∶9，投资回报率在19%—35%。[②] Ethan E. Haase（2000）采用美国财富公司（Futron）和美国卫星产业协会（SIA）提供的数据对全球卫星产业未来发展进行估计，认为卫星运营业是美国卫星产业收入增长的主要来源。[③] Bach 等（2002）认为，航天产业投入产出率高，技术转化后的最终产出约为投入额的三倍。[④] Mattedi 等人（2008）以 1987—2007 年美国证券市场上航天企业股票价格为基础建立综合航天指数，对航天产业绩效的评价与横向比较有一定借鉴意义。[⑤] 卫星产业被定义为整个航天工业的生命线，每年订购或发射的卫星数量是该行业活动水平的重要定义指标，因此这种数量的趋势和变化对评估卫星产业具有重大作用。Thomas Hiriart 与 Joseph H. Saleh（2009）通过时间序列分析，确定航天工业各个时期的市场趋势和周期。以收集的自 1960 年以来每年发射的卫星数据信息情况进行分析，发现 1960—2008 年，机构客户（国防、情报和科学）占发射需求总量的三分之二以上。在 20 世纪 60 年代和 70 年代，机构客户比重甚至占 90% 和 73.5%。由此可见，卫星产业是由机构客户而非商业市场

① Evans M. K. , "The Economic Impact of NASA R&D Spending", *Chase Econometric Association*, Inc. , 1976.

② Economic Impact and Technological Progress of NASA Research and Development Expenditures, Midwest Research Institute, 1988.

③ Ethan. E. Haase, "Global Commercial Space Industry Indicators and Tends", *Harvard Business School*, Vol. 7, Aug 2000, pp. 747 – 757.

④ L. Bach, P. Cohendet, E. Schenk, "Technological Transfers from the European Space Programs: A Dynamic View and Comparison with Other R&D Projects", *Journal of Technology Transfer*, Vol. 27, 2002, pp. 321 – 338.

⑤ Adriana Prest Mattedi, Rosario Nunzio Mantegna, "The Comprehensive Aerospace Index (Casi): Tracking the Economic Performance of the Aerospace Industry", *Acta Astronautica*, Vol. 63, Dec 2008, pp. 1318 – 1325.

力量所推动和发展的，但是，商业部门对美国卫星产业的影响力越来越明显，商业部门（在发射量基础上）与机构市场发挥同等作用。[①] 2018年，卫星产业支持超过 211000 个美国就业岗位，其中包括数以万计的高薪制造业岗位。

5. 卫星产业政治与社会效益研究

卫星产业是同时具有经济效益与政治军事效益的战略性新兴产业。Elenkov（1995）认为，要想在国际竞争中保持优势，卫星产业需要强大的资本和市场的支撑。[②] Auque（2000）认为，卫星技术是国与国之间开展战略合作与政治竞争的工具，卫星产业与国防、政治始终是密切相关的。[③] Roger Handberg（2004）认为，冷战时期，美国与苏联这两个超级大国主宰了太空探索的各个方面，利用各自的太空相关成就作为冷战宣传工具，每一个都希望成为下一次"太空竞赛"胜利的一方。不仅外太空由两个国家统治，且由两个政府主导，私人太空活动不存在。各自的超级大国政府控制着发射能力，宇航员是从军事人员中选拔出的。由于太空技术和军事技术往往是同一种，因此，在国家安全的基础上严格限制对这种技术的使用。简单来说，太空探索就此诞生于一个主要出于政治与军事目的的政府活动时代。[④] Hertzfeld（2007）认为，航天力量（Spacepower）可以通过两种方式从商业角度来看待。一是经济利益：通过创造垄断或纯粹的市场支配地位，鼓励美国私营企业在世界市场上占据主导地位。后者通常会使竞争对手遵循领导者的标准和惯例，这反过来几乎可以确保其他人采用与市场领导者相容的系统。二是展示力量：主动拒绝他人访问或干扰操作他国的外空资产。[⑤] 美国卫星产业在经济

① Thomas Hiriart, Joseph H. Saleh, "Observations on the Evolution of Satellite Launch Volume Andcyclicalityin the Space Industry", *Space Policy*, Vol. 26, Feb 2009, pp. 53 – 60.

② Detelin S. Elenkov, "Russian Aerospace Mncs in Global Competition: Their Origin, Competitive Strengths and Forms Of Multinational Expansion", *The Columbia Journal of World Business*, Vol. 30, 1995, pp. 66 – 78.

③ F. Auque, "The Space Industry in the Context of the European Aeronautics and Defence Sector", *Air & Space Europe*, Vol. 2, 2000, pp. 22 – 25.

④ Roger Handberg, "Rationales of the Space Program", *Space Politics and Policy*, Vol. 2, 2004, pp. 27 – 42.

⑤ Henry R. Hertzfeld, "Globalization, Commercial Space and Spacepower in the USA", *Space Policy*, Vol. 23, 2007, pp. 210 – 220.

领域和政治军事领域均发挥了重要作用，以卫星技术开展战略结盟或军事打击，为决策者提供了"毫无限制"的全球介入能力。Harrison 等（2018）认为，作为世界卫星强国，美国已经习惯依靠卫星能力作为科学进步、信息时代经济和国家安全的基石。[①]

6. 卫星产业政策研究

对于卫星产业在市场准入、出口贸易以及人才培养等方面美国政府制定了一系列政策与规范。首先，从市场准入政策来看，Trepczynski（2006）分析了当时管理外层空间的国际制度。[②] Joosung J. Lee 等人（2011）认为，即使是在市场经济占主导地位的美国，为了本国卫星产业的发展，政府通常也会在进入政策方面进行保护，用政策壁垒排除别国卫星企业在美国本土以及全球市场上的竞争。[③] 美国卫星产业协会（SIA）主席 Tom Stroup（2015）指出，在全球市场，外贸壁垒继续引起协会成员的担忧，协会在对中国和印度的政策评论中强调，壁垒阻碍了卫星服务提供商的市场准入。[④] 其次，从贸易政策来看，R. J. Zelnio（2007）通过案例分析证实，自 1999 年以来美国国会对商用通信卫星按照《国际武器贸易条例》（ITAR）进行管制后，对美国商用卫星技术出口加以严格控制，导致美国卫星出口额大幅下滑，而同时期的欧洲各国则继续沿用双用技术而得以迅速发展。[⑤] Mineiro（2011）认为，ITAR 管制虽然阻碍了中国发射具有先进技术的西方商业卫星，但却使得欧洲商业卫星制造商充分受益，通过免 ITAR 技术投资可以获得由中国发射的与美国卫星技术相当的欧产商用电信卫星。[⑥] 尽管美国的商业航天政策在

---

① Todd Harrison, Kaitlyn Johnson, Thomas G. Roberts, Space Threat Assessment 2018, https://aerospace. csis. org/space-threat-assessment-2018/.

② Susan J. Trepczynski, "Edge of Space: Emerging Technologies, the 'New' Space Industry, and the Continuing Debate on the Delimitation of outer Space", *McGill University*, Montreal, 2006, pp. 25 –35.

③ Joosung J. Lee, Seungmi Chung, "Space Policy for Late Comer Countries: A Case Study of South Korea", *Space Policy*, Vol. 27, 2011, pp. 227 –233.

④ Tom Stroup, Comment of the Satellite Industry Association, (2015 –2 –6) [2019 –3 –1], https: //www. sia. org/news-resources/.

⑤ R. J. Zelnio, "Whose Jurisdiction Over the US Commercial Satellite Industry? Factors Affecting International Security and Competition", *Space Policy*, Vol. 23, 2007, pp. 221 –233.

⑥ Michael C. Mineiro, "An Inconvenient Regulatory Truth: Divergence in US and EU Satellite Ex-portcontrol Policies on China", *Space Policy*, Vol. 27, 2011, pp. 213 –221.

过去 20 年一直在总统文件中有体现，但这些政策在很大程度上受其他政策干扰，国家安全总是优先于商业发展，表明美国对全球化和商业航天自由发展并未完全接纳。再次，从人才培养政策来看，Joseph N. Pelton 等（2004）认为如果想保证人才教育的质量，就应该把高等院校的教育工作与私营卫星公司和国家航空航天局的研究活动相结合，为外空探索的实践培养合格人才。[①] M. Gruntman（2004）等人从学位教育方面介绍了美国航天人才的培养方案和课程体系，并对人才培养中的问题提出了建议。[②]

二　国内研究现状

国内针对美国卫星产业的经济学研究不多，主要集中于技术研究和政策法规研究，因此，本书对与美国航天产业研究、我国卫星产业研究及卫星应用研究进行了系统化梳理。

1. 关于卫星产业与航天产业发展的研究

廖丰湘、李树丞（2001）分析了中国卫星产业的发展优势和存在的问题，并提出了发展和壮大中国卫星产业的对策。[③] 吴照云（2004）以 2001 年世界销售额前 50 位航天公司为基础进行测算，认为世界航天产业为高度寡占型产业，并提出了借鉴西方国家航天产业运行机制建立我国航天产业市场运行机制的对策。[④] 杨莹（2007）分析了我国卫星产业的发展规律，识别和确定影响卫星产业成长的动力要素，研究了这些动力要素作用的方式和路径，揭示影响卫星产业发展的动力要素的作用模式和成长机理。[⑤] 沈汝源（2015）利用产业组织理论哈佛学派 SCP 范式及芝加哥学派经典理论对美国航天产业进行剖析，认为美国航天产业市

① Joseph. N. Pelton, R. Johnson, D. Flournoy, "Needs in Space Education for the 21st Century", *Space Policy*, Vol. 20, 2004, pp. 197–205.

② M. Gruntman, R. F. Brodsky, D. A. Erwin, J. A. Kunc, "Astronautics Degrees for the Space Industry", *Advances in Space Research*, Vol. 34, 2004, pp. 2159–2166.

③ 廖丰湘、李树丞：《论中国卫星产业发展的现状与对策》，《湖南大学学报》2001 年第 S2 期。

④ 吴照云：《中国航天产业市场运行机制研究》，经济管理出版社 2004 年版，第 50—60 页。

⑤ 杨莹：《我国卫星产业的成长机理研究》，硕士学位论文，哈尔滨工业大学，2007 年。

场结构应当属于一般寡占型，垄断势力在美国航天产业中是存在的，其产业市场的竞争性相对较弱。① 金泳锋（2015）对中国卫星产业的专利活动进行实证研究，论述了中国卫星产业发展现状并对产业专利信息进行分析，认为我国卫星产业起步较晚，在萌芽期停留时间较长，资金投入不高、专利申请总量不占优势，但专利数量呈上升趋势。②

2. 关于卫星产业应用的研究

宏裕闻（1997）在《卫星遥感在美国农业上的应用》提出卫星遥感是美国农业部《世界农业供需评估》数据的重要来源。③ 卫星遥感技术对于美国的农业生产、粮食安全、进出口调整、农业政策及计划制度等方面起到了巨大的作用。佟岩（2008）运用传统的回归分析方法分析了卫星技术应用在森林防火中产生的效益。④ 左静贤等（2014）提到美国利用卫星遥感技术实施农作物估产有三方面优势：一是能够快速提取作物的种植面积数据；二是对于每个抽检样本实施准确定位，增强其地方代表性；三是提高分层抽检的准确性。⑤ 除农业与气象等方面，徐康宁、陈丰龙、刘修岩（2015）利用卫星遥感技术获取全球夜间灯光数据来测算中国的实际经济增长率，力求以客观视角验证中国 GDP 数据的真实性，并认为，1993—2012 年实际经济增长率的平均值与官方统计数据不完全吻合，官方统计数据略偏高。⑥ 此后，王贤斌、黄亮雄（2018）⑦、瓦哈甫·哈力克等人（2018）⑧ 也将夜间灯光数据应用于解决经济学领域问题。

---

① 沈汝源：《美国航天产业发展研究》，博士学位论文，吉林大学，2015 年。
② 金泳锋：《中国高技术产业专利活动实证研究——以卫星产业为例》，《科技进步与对策》2015 年第 3 期。
③ 宏裕闻：《卫星遥感在美国农业上的应用》，《全球科技经济瞭望》1997 年第 4 期。
④ 佟岩：《卫星遥感技术行业应用效益评价研究》，硕士学位论文，哈尔滨工业大学，2008 年。
⑤ 左静贤、温静、赵彦艳：《遥感技术在美国农作物估产中的应用》，《世界农业》2014 年第 3 期。
⑥ 徐康宁、陈丰龙、刘修岩：《中国经济增长的真实性：基于全球夜间灯光数据的检验》，《经济研究》2015 年第 9 期。
⑦ 王贤斌、黄亮雄：《夜间灯光数据及其在经济学研究中的应用》，《经济学动态》2018 年第 10 期。
⑧ 瓦哈甫·哈力克、朱永凤、何琛：《从夜间灯光看中国旅游经济发展及其空间溢出效应——基于空间面板计量模型的实证研究》，《生态经济》2018 年第 3 期。

3. 关于卫星产业的政策与制度研究

万青（2008）提出，航天产业政策主要包括四种类型：产业结构政策、产业组织政策、产业技术政策、产业布局政策。[①] 杨小亭（2012）对航天技术应用产业发展公共政策进行分析，论述了美国、俄罗斯和欧盟的经验和启示，并对我国航天技术应用产业做出 SWOT 分析，认为我国应当坚持发展"军民结合、寓军于民"道路。[②] 何奇松（2014）在《美国的卫星出口管制改革》中论述了在激烈的市场竞争下美国为卫星出口管制做出的改革尝试，将商业通信卫星及其部件从国务院管理的《美国军品管制清单》转移到商务部管理的《商业管制清单》等政策对产业发展有重大影响。[③] 郑波（2014）认为，美国的出口管制体系是一个非常庞大、复杂的系统，涉及众多的法律，牵扯到国会、总统与政府部门之间围绕出口管辖权进行的博弈。[④] 卫星出口管制政策是美国整体出口管制政策的一个组成部分，也承担着实施外交政策、实现国家战略的重要职责，用以阻止某些国家或地区获得先进卫星、火箭及相关领域技术。美国对华卫星出口政策经历了政策放松—合作升温—进入冷冻—彻底冰冻的曲折变化过程并对美对华政策产生相应影响。张国航（2017）分别论述了美国、俄罗斯、西欧航天体制的路径之别，并提出中国的航天历程分为五个阶段，分别解决不同层级问题：第一阶段解决导弹研制、卫星上天的问题；第二阶段解决运载提升、卫星应用的问题；第三阶段解决工程能力全面提升的问题；第四阶段解决成为航天大国的问题；第五阶段解决推动航天强国建设的问题。[⑤]

4. 关于卫星产业链的研究

吴文（2015）认为，卫星价值链主要包括以下五个层面：政府

① 万青：《中国航天产业政策研究》，硕士学位论文，南京航空航天大学，2008 年。
② 杨小亭：《航天技术应用产业发展公共政策分析研究》，博士学位论文，复旦大学，2012 年。
③ 何奇松：《美国的卫星出口管制改革》，《美国研究》2014 年第 4 期。
④ 郑波：《试论美国对华卫星出口管制政策——以"中星八号"为例》，硕士学位论文，外交学院，2014 年。
⑤ 张国航：《航天体制构建的中国路径研究》，博士学位论文，中共中央党校，2017 年。

机构、航天工业界（上游）、卫星运营商、地面段和终端供应商、最终用户。① 范晨（2015）将卫星产业链划分为分系统单机部组件、卫星研制、卫星运营、卫星应用四部分。认为国外航天公司商业模式呈现"四化"发展趋势，其一即是产业价值链一体化，产业价值链一体化趋势包括横向一体化和纵向一体化，并建议我国航天企业加强与产业链上下游合作：上游应研究全球采购模式，建立供应链分级管理体系；中游建立长效协调机制，与运载制造商共同定义产品；下游应借本土运营商之力，合作开拓国际市场。② 马忠成、赵云、王超伦（2016）在《卫星总体单位产业链延伸策略探索》中将卫星产业划分为上中下游三个环节：上游包括分系统产品制造、部件制造、地面设备制造；中游包括卫星制造、卫星发射；下游包括遥感业务、卫星在轨管理、通信服务。产业链中游可以探索向上下游延伸，成为集研制、制造、销售、服务的全产业链综合宇航企业。③

5. 卫星产业的经济绩效分析

陈杰（2007）运用美国联邦航空局商业航天运输办公室公布的《2004 年商业太空运输对美国经济的经济影响》数据分析了美国商业航天产业对国民经济的直接影响、间接影响和衍生影响，但未对计算方法作出详细解释。④ 刘洋（2007）以中巴地球资源卫星为例，用实证分析了中巴地球资源卫星对我国 GDP 及就业的贡献。⑤ 程广仁（2008）基于规模经济理论、一般系统论和系统动力学理论进行分析，对我国卫星运营企业规模经济的存在性判定、区间测度、实现的能力环境评价、实现对策进行了研究，认为我国卫星运营企业存在规模较小、力量分散、实

---

① 吴文：《欧洲咨询公司发布卫星产业价值链报告》，《中国航天》2015 年第 4 期。
② 范晨：《国外航天公司商业模式发展趋势分析》，《卫星应用》2015 年第 11 期。
③ 马忠成、赵云、王超伦：《卫星总体单位产业链延伸策略探索》，《卫星应用》2016 年第 6 期。
④ 陈杰：《美国商业航天产业对国民经济的影响分析》，《中国航天》2007 年第 7 期。
⑤ 刘洋：《资源卫星产业对我国国民经济贡献研究》，硕士学位论文，哈尔滨工业大学，2007 年。

现规模经济的能力不足、环境支持不足等问题并提出相应对策。[1] 江海容（2009）提出，借鉴菲德（Feder，1983）提出的两部门模型来测度卫星产业对整个国民经济增长贡献。[2] 王宜晓、王一然（2009）利用相似系统方法，以美国卫星产业对国民经济的影响来估算中国卫星应用产业对国民经济的效用，估算出2006年中国卫星产业收入为28.14亿美元，带来国民经济影响约67亿美元，其中卫星应用产业收入为16.884亿美元，带来国民经济影响约35.5亿美元。[3] 郭岚、张祥建（2009）提出了上海载人航天产业投资对上海经济具有短期拉动效应与长期拉动效应，但拉动效应与欧美相较仍然存在差距。[4] 闫兴斌、李一军等（2009）利用CVM技术通过问卷调查与访谈形式进行统计分析建立了支付意愿模型，提出了2009年我国民众对资源卫星社会效益的总支付意愿约为96.7亿元人民币。[5] 尹常琦（2009）按哈佛学派理论通过市场集中度测算，认为美国航天产业市场是一种"寡头主导，大中小共生"的低集中度竞争型的市场结构，市场的竞争性相对较强。[6] 绩效研究中选取了主营业务利润率、销售增长率、资产负债率、流动资产周转率等财务指标进行测算，证实美国航天产业目前总体经济绩效低于美国制造业平均水平。柳林等（2017）认为，文献中经济效益分析从宏观层面向微观层面转变，经济建模分析方法自20世纪90年代后就几乎很少单独出现了，而效益成本分析、案例跟踪分析等方法近年来越来越多地出现。[7] 综上所述，对于从中观层面系统分析美国卫星产业及其子产业效益的文献数

[1] 程广仁：《卫星运营企业规模经济研究》，博士学位论文，哈尔滨工业大学，2008年。

[2] 江海容：《基于产业链构建的军民两用卫星技术转移研究》，硕士学位论文，南京航空航天大学，2009年。

[3] 王宜晓、王一然：《卫星应用产业效益估计的相似系统方法》，《系统工程与电子技术》2009年第8期。

[4] 郭岚、张祥建：《中国载人航天产业投资与经济增长的关联度》，《改革》2009年第4期。

[5] 闫兴斌、李一军：《我国资源卫星的社会效益及其CVM评价》，《系统工程理论与实践》2009年第7期。

[6] 尹常琦：《美国航天产业市场结构与绩效研究》，硕士学位论文，南京航空航天大学，2009年。

[7] 柳林、徐迩铱、李涛、黎开颜：《太空经济效益分析方法综述》，《系统工程》2017年第2期。

量不多。

6. 产业组织分析

目前尚无系统化针对美国卫星产业进行产业组织分析的文献，与之相关的产业组织分析有：魏后凯（2001）基于日本学者植草益及日本公正交易委员会对于制造业分类的研究结果，将世界航天产业归类为一般寡占型产业。① 罗元青（2006）构建了分析汽车产业的组织结构变量与产业绩效指标的相关关系的方程，并做出了产业竞争力与产业组织相关分析。② 陈金伟（2009）融合哈佛学派 SCP 分析与模块化理论分析了欧洲航天产业的市场结构、市场行为和市场绩效。③ 徐枫、李云龙（2012）针对我国特殊国情及以光伏产业为代表的新能源产业，提出国家政策对产业的结构行为和绩效有重要影响，认为选用哈佛学派 SCP 范式进行分析具有科学依据，并提出通过政策制定改变光伏产业竞争格局使其健康发展的观点。④

第三节　研究方法

一　比较分析法

比较分析法，也称对比法，是指将客观事物以不同的视角进行比较，借以了解事物的本质规律并做出恰当评价的方法。本书采用比较分析法，从横向与纵向两方面进行比较分析。一方面，对同一时期美国卫星产业与全球其他主要国家卫星产业进行横向比较，找出美国卫星产业发展的优势与不足，为加速我国卫星产业发展提供思路；另一方面，把美国卫星产业

---

① 魏后凯：《市场竞争、经济绩效与产业集中——对改革开放以来中国制造业集中的实证研究》，博士学位论文，中国社会科学院研究生院，2001 年。

② 罗元青：《产业组织结构与产业竞争力研究——基于汽车产业的实证分析》，博士学位论文，西南财经大学，2006 年。

③ 陈金伟：《基于模块化理论的欧洲航天产业组织研究》，硕士学位论文，南京航空航天大学，2009 年。

④ 徐枫、李云龙：《基于 SCP 范式的我国光伏产业困境分析及政策建议》，《宏观经济研究》2012 年第 6 期。

不同历史时期的产能状况进行纵向比较分析，探寻不同时期产能变化的原因，为我国正确认识美国卫星产业组织状况提供恰当的启示与借鉴之处。

二 理论与实证相结合

本书利用产业经济学基本理论中的 SCP 范式展开论述，对美国卫星产业市场结构、市场行为、市场绩效进行分析。在市场绩效分析中定量分析了美国卫星产业整体经济效益、产业链上各子产业对经济的贡献及该产业对其他产业的影响。通过对美国卫星产业组织相关理论及文献进行梳理，使用统计数据、数学建模实证研究了美国卫星产业产出与经济发展的关系。

三 历史与逻辑相统一的方法

本书运用历史与逻辑相统一的方法，将美国卫星产业历史发展进程的考察与对卫星产业组织的内部逻辑分析有机结合起来。历史考察是进行逻辑分析的基础，逻辑分析是开展历史考察的依据。对美国卫星产业组织的评价以历史考察为基础，对美国卫星产业发展历史的考察以产业组织分析为依据。

第四节 研究思路与框架

一 研究思路

无论是从卫星产业发展历程，还是从卫星产业经济效益上看，美国都是全球领先的国家之一，而卫星产业作为战略性新兴产业对国家安全和经济发展都具有重大意义。因此，本书通过相关理论分析和对美国卫星产业发展历程的考察，从产业组织理论视角分析美国卫星产业的市场结构、市场行为、市场绩效及三者之间的关系和变化，并对美国卫星产业组织的优势及存在的问题进行总结与评价，探寻美国卫星产业得以快速发展的动因和存在的局限性，为我国卫星产业组织发展提供借鉴。我国卫星产业发展与美国相比相对落后，为此有必要通过对比分析，学习

和吸收美国卫星产业组织中的先进经验，正确认识我国卫星产业组织中的优势和问题，对我国卫星产业组织中的不足采取有效的应对措施。

二 研究框架

基于以上研究思路，本书的框架安排如下：

第一部分为绪论。首先论述了选题背景与选题意义，即在第四次工业革命中世界经济与政治秩序面临重新定义的背景下，对此选题进行研究的意义；其次，对国内外研究现状进行归纳与总结，便于在此基础上开展继续研究。

第二部分为产业组织及相关理论分析。从产业经济学的理论基础与研究对象为开端，论述了哈佛学派、芝加哥学派等西方产业组织理论的主要流派及观点，以及产业组织理论在我国的发展与应用。

第三部分为美国卫星产业发展历程、现状及产业组织的特点。首先，对美国卫星产业的概念及分类进行阐述，明确了美国卫星产业的范畴；其次，论述了美国卫星产业的发展历程，主要包括产业蓄势待发的准备期（19世纪末至20世纪40年代）、两极竞争中的高速发展期（20世纪40—90年代）及平稳发展中的商业化转型期（20世纪90年代至今）；最后，阐述了美国卫星产业的现状与组织特点，为下文利用SCP范式开展美国卫星产业组织分析做铺垫。

第四部分为美国卫星产业市场结构分析。首先，对美国卫星产业市场集中度进行测算，判断为一般寡占型；其次，阐述了美国卫星产业的进入和退出壁垒，该产业具有高投入、高技术性的特征，因而具有较高的进入与退出壁垒；再次，论述了美国卫星产业的产品差异化方式，主要包括技术创新驱动的产品主体产异化和提高产品附加值的服务差异化，二者都对市场结构及进入壁垒产生影响，上位企业（市场占有率领先的企业）通过扩大产品差异化程度巩固自身市场地位，从而使产业保持高市场集中度；最后，阐明了美国政府在卫星产业结构形成中的作用。

第五部分为美国卫星产业市场行为分析。首先，论述了以兼并为代表的市场竞争行为，企业之间通过横向一体化、纵向一体化或二者兼有的方式实现管理、经营与财务协同；其次，论述了以卡特尔为代表的市场协调行为，及美国政府为突破卡特尔而做出的努力；最后，阐述了美国政府在卫星产业市场行为中的作用。

第六部分为美国卫星产业市场绩效分析。首先，通过多年产业数据汇总与归纳，对美国卫星产业中卫星制造业、发射服务业、地面设备制造业及卫星服务业进行直接绩效分析；其次，通过实证研究将美国卫星产业的溢出效应、对其他产业的影响及其社会与政治效应进行了分析。

第七部分为美国卫星产业组织的总体评价。首先，论证了美国卫星产业组织中结构、行为与绩效三者之间的关系；其次，剖析了美国卫星产业组织的优势与存在的问题，为下文提出对我国的启示与借鉴做铺垫。

第八部分为美国卫星产业组织对我国卫星产业发展的启示与借鉴。首先，概括了我国卫星产业的发展历程及特点；其次，对我国卫星产业组织进行总体评价，分析我国卫星产业组织中的优势与不足；最后，提出借鉴美国经验促进我国卫星产业发展的对策。

第五节　研究的创新之处与不足

一　创新之处

第一，运用产业组织理论系统分析了美国卫星产业的发展状况。以往国内外对美国卫星产业的研究，大多从产业经济绩效或发展历史等单一视角展开，本书试图以产业经济学 SCP 范式对美国卫星产业组织进行系统分析。对于卫星产业这类较特殊的、具有战略性意义的新兴产业，应在分析过程中重视归纳与总结政府在其中所产生的不可替代的作用。

第二，在市场绩效分析中，以定量与定性分析相结合的方式，从多元角度进行论证，既包括对美国卫星产业整体及细分产业直接绩效的分析，又包括美国卫星产业溢出效应及社会与政治效应的综合分析。

第三，通过对美国卫星产业组织的总体评价，阐明了结构、行为与绩效的关系及变化，分析了美国卫星产业组织中的优势与存在的问题，

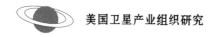

并提出值得我国借鉴的经验与启示。

二 研究的不足

第一，由于美国卫星产业属于特殊性、战略性产业，有关卫星产业的数据公开程度有一定限制，从时间段上看，自2018年开始，美国卫星产业协会不再公开美国卫星产业产值等具体数据，因此，使本书的定量分析受到一定限制。

第二，由于美国卫星产业数据中未统计从业企业的行业排名等详细数据，因此，利用数据的估算与替代开展论述可能于实际情况存在差异。

第六节 本章小结

在第四次工业革命兴起的时代背景下，当前世界经济与政治秩序面临重新定义。兼具政治象征意义与经济效益的卫星产业是具备技术发展能力的国家不可忽视的重要产业，其在经济领域和军事上的出色表现引发了本人对卫星产业的关注，从而提出对美国卫星产业组织的研究课题。在本书研究过程中以产业组织理论为研究基础，在对国内外相关文献的梳理后，以理论与实证分析相结合及比较分析等方法展开论证。按照产业组织理论的研究框架形成本书的研究思路与框架，并对每一章的内容进行总结与概括。最后归纳了本书的创新之处与研究的不足。利用SCP框架定性与定量相结合地分析美国卫星产业，并且注重特殊产业中政府发挥的作用是本书主要创新之处，由于产业数据公开性限制未能更加深入地展开定量分析是主要不足。

第二章　产业组织及相关理论分析

　　产业组织理论的发展有赖于西方微观经济学理论的不断拓展，一些经典学派的人物及其代表作促进产业组织理论的萌芽与发展，丰富了产业组织理论体系，这些西方经济学家的理论成果也对我国学者进行产业组织理论与实践研究产生深远影响。

第一节　产业组织的概念及理论起源

一　产业组织相关概念

　　产业（Industrial）是指由利益相互联系的、分工不同的各相关行业所组成的业态总称，尽管从业企业之间经营方式、流通环节有所不同，但是经营对象和范围是围绕共同产品展开的。社会生产力发展水平的提高使得社会分工细化，才诞生了"产业"。产业是从介于宏观与微观经济之间的中观层面考察具有相同属性企业经济活动的集合。同一产业内厂商之间的组织或市场关系被称为产业组织（Industrial Organization），例如交易关系、行为关系、资源占用关系和利益关系等。[①] 不同于生产组织或企业组织等其他理论中的组织概念，产业组织理论（Theory of Industrial Organization）主要研究的是市场在不完全竞争条件下的企业行为和市场结构，重点考察的是作为"组成部分之间关系"的组织。该理论是微观经济学中的一个重要分支，主要是为了解决产业内企业的规模经济

---

① 苏东水：《产业经济学》，高等教育出版社 2015 年版，第 18 页。

效益与企业之间的竞争力冲突的难题——"马歇尔冲突"问题而开展的研究。马歇尔、罗宾逊、张伯伦、贝恩等产业组织理论体系的创始人提出了著名的SCP理论范式,即研究市场结构(Structure)、市场行为(Conduct)、市场绩效(Performance)及其关系的理论范式。该理论认为S、C、P三者之间的关系是:市场结构是三者中的基础,决定了市场行为和市场绩效;市场行为起到连接作用,它取决于市场结构并决定市场绩效的表现;市场绩效则反映了受到市场结构和市场行为共同影响后的产业经济效果,是衡量产业资源配置优劣的评价标准。从另一个角度看,市场结构也会受到市场行为与市场绩效反作用的影响,而形成新的市场结构。以后各流派的产业组织理论实质上都是建立在对SCP范式的继承或批判上的,SCP范式奠定了产业组织理论体系的基础。虽然SCP范式后来经历了改良与变迁,但是,由于SCP范式可以在简洁的框架里容纳产业组织研究的主要内容,所以至今仍然是产业组织理论体系的主体逻辑结构。

二 产业组织理论的起源

产业组织理论从诞生到发展经历了近百年的时间,其思想最早起源于古典经济学派代表人亚当·斯密(Adam Smith)从体系上对竞争机制进行的阐述。1776年,亚当·斯密在其所著《国富论》一书中提出:只要市场接近于完全竞争状态,竞争机制就可以通过"看不见的手",让每一个体都不自觉地参加到创造社会财富的发展中去,自然而然地形成理想的市场秩序并实现资源的最优配置。使得任何两种生产要素对于任一两种产品生产的技术替代率都相等,实现任何资源的再配置都不可能在不使任何人的处境变坏的同时使一些人的处境变好,即达到帕累托最优状态。由此,很多西方经济学家长期以来一直认为,政府不应该过多地干预经济活动,只需要维护正常的经济秩序来保障竞争机制的正常运行即可。随着社会经济发展,新古典经济学基本理论框架(包括宏观经济学和微观经济学)在历经了张伯伦革命、凯恩斯革命以及理性预期革命等三次具有划时代意义的大变革后最终形成。1879年,新古典经济学派代表人物阿尔弗雷德·马歇尔（Alfred Marshall）与夫人玛莉·培里（Mary Paley）在合著的《产业经济学》一书中将"产业内部的结构"定义为产业组织，这是历史上首次提出"产业组织"的概念。1890年，马歇尔在其著作《经济学原理》中，将法国经济学家萨伊提出的劳动、资本和土地之生产三要素，加入了"组织"这一要素，扩展为四生产要素。在著作中，马歇尔系统分析了产业向特定区域集中的好处、大规模生产的好处等现代产业组织理论的概念和内容，并发现了规模的经济性问题，即大规模生产带来产品单位成本下降、市场占有率提高的规模经济效益，却会导致市场结构中的垄断程度不断加深，而垄断是抑制自由竞争，阻碍竞争机制在市场资源配置中发挥活性作用的制约因素。马歇尔认为垄断不会无限制地蔓延下去，规模经济与竞争是可以获得某种均衡的。这部著作被予以高度评价，认为可与亚当·斯密的《国富论》和李嘉图《赋税原理》齐名。1933年，美国哈佛大学教授张伯伦（E. H. Chamberlin）出版了著作《垄断竞争理论》，同年，英国剑桥大学教授罗宾逊（Joan Robinson）夫人出版了《不完全竞争经济学》。张伯伦与罗宾逊不约而同地提出了"垄断竞争理论"，该理论对以往垄断与竞争水火不容的极端对立观点予以否定和纠正，他们认为不同程度的垄断与竞争交织并存的状态才是市场中的实际常态。张伯伦按照垄断因素的强弱程度不同，将市场划分为从完全竞争、不完全竞争到寡头垄断等多种类型，并归纳了不同市场形态下价格的形成及作用特点。在著作中张伯伦重点分析了垄断竞争、同类产品生产者进入和退出市场、产品差别化等问题。张伯伦对于现实市场关系分析而提出的观点与概念是现代产业组织理论的重要来源。

第二节　西方产业组织理论发展

继张伯伦之后，一大批西方经济学者专注于产业组织理论与实践的发展研究，形成了不同的观点与流派，主要包括哈佛学派、芝加哥学派、新奥地利学派等。

一　哈佛学派的结构主义观点

20世纪30—60年代，产业组织理论第一阶段的重要成果是以实证研究和案例分析为手段提出了SCP（Structure-Conduct-Performance）的理论范式，形成了比较完整的产业组织理论体系。1938年，第一个产业组织研究小组在哈佛大学由梅森（E. Mason）教授组织成立。历史上首个产业组织理论研究体系是该小组在对传统产业进行深入研究的基础上提出的。1939年，梅森出版了著作《大企业的生产价格政策》一书，将以往对有效竞争的论述归纳为两类，即有效竞争标准的二分法：一是市场结构标准，即能维护有效竞争的市场结构的形成条件；二是市场绩效标准，即从市场绩效角度来判断竞争有效性的标准。1940年，克拉克（J. M. Clark）在其著作《有效竞争的概念》中正式提出"有效竞争"的概念，并指出只有明确有效竞争的真正含义，才能削弱不完全竞争市场存在下长期均衡和短期均衡实现条件的不协调。克拉克认为政府的公共政策是协调长期均衡与短期均衡的重要手段，将公共政策纳入产业组织分析框架作为补充因素，使市场既有利于维护竞争活力又有利于发挥规模经济效益。1959年，梅森的弟子贝恩（J. Bain）成为产业组织理论的集大成者，出版了《产业组织》这一历史上第一部系统论述产业组织理论的教科书。贝恩提出了"集中度—利润率"假说，即在市场结构属于寡占型或垄断型的产业中，少数寡头企业为了攫取超额利润而发生的暗中共谋和市场协调行为，以及通过设置产业进入壁垒限制竞争对手参与市场活动的行为等。此类做法抑制了市场的竞争性，降低了资源配置的效率。贝恩在吸收了马歇尔、张伯伦和克拉克提出的完全竞争理论、垄断竞争理论和有效竞争理论后，建立了传统SCP分析范式：①除政府公共政策作为产业组织理论的外部因素外，产业组织理论包括三个组成部分，即市场结构、市场行为和市场绩效。具体而言，市场结构（S）是对企业所处市场环境的研究，注重企业间竞争、市场集中度（CRn指标、赫芬达尔·赫希曼指数和集中曲线等）以及产业进入和退出壁垒等内容的定性及定量分析；市场行为（C）则是为应对市场竞争环境而采取的行为本身和行为模式的研究，主要包括企业定价策略、市场竞争行为和协调行为等；市场绩效（P）则是反映了一定市场机构和市场行为下市场的最终运行结果，主要从产业的利润率水平、资源的配置效率及技术进步等方面进行评价。②市场结构、市场行为和市场绩效之间是具有单向因果联系的，其主要逻辑脉络为"市场结构决定市场行为，市场行为决定市场绩效，而市场绩效决定公共政策"。市场结构、市场行为、市场绩效和政府政策，在传统 SCP 理论范式中存在严格"决定"关系。市场结构、市场行为和市场绩效之间单向联系，市场行为起到媒介作用，即某种市场结构对应唯一市场行为，某种市场行为对应其既定的市场绩效（见图 2 - 1）。哈佛学派产业组织理论的研究重点是围绕"市场结构"展开的，因此，"结构主义学派"成为哈佛学派的别名。此外，对于 SCP 理论有突出贡献的学者还有经济学家谢勒（F. M. Scherer）、罗杰·弗朗茨（Roger S. Frantz）、凯森（C. Kaysen）和法学家特纳（D. F. Turner）。谢勒在《产业市场结构和经济绩效》中总结了实际利润与市场行为之间的关系，形成了一个富有逻辑的、具体的产业分析框架，补充了贝恩此前所做的研究；凯森与特纳通过实证研究再次证明垄断与高利润的关系，并联合发表著作《反托拉斯政策》，呼吁国家推行反垄断法案；1966 年，弗朗茨提出 X 效率理论，证明资源配置的低效率存在于垄断企业的组织内部。

图 2 - 1 传统哈佛学派 SCP 框架

综上所述，哈佛学派的 SCP 范式具有开创性地建立了产业组织理论的分析框架。哈佛学派大大深化了厂商理论的微观经济研究。该理论区别于其他学派的两个重要特征，一是在分析框架中突出市场结构，二是在研究方法上偏重实证研究。但哈佛学派的传统 SCP 框架也存在一些不足之处，譬如把产业分解为特定的市场、行为和绩效，在一个相对静态的环境中研究和解决产业问题，仅将市场中企业的多寡作为衡量效率的判断标准做法、单线条分析市场结构、市场行为、市场绩效的关系做法等削弱了模型对经济现象的解释力度，忽视了影响市场行为和市场经济绩效的因素是具有复杂性的；采用利润率和回报率两种指标衡量市场绩效，实际上是以短期绩效指标衡量产业组织理论中的长期绩效检验，忽视了利润和集中率正相关可能是由于厂商的最有效率生产或是创新性研究和市场范围扩展等原因。

二　芝加哥学派的自由市场观点

20 世纪 60—80 年代，随着美国经济形势变化，一些以往具有优势的产业如钢铁、汽车等国际竞争力却持续走低。这不由得使经济学家们对一直以来所奉行的哈佛学派提出的反垄断政策产生了质疑。一些学者认为，正是由于过于严格地执行反垄断政策使得大量的时间与诉讼费用被浪费了。最为关键的是，反垄断政策造成的美国各产业市场竞争力被严重削弱了，政府应当将自由的市场竞争还给企业。芝加哥学派（Chi-cago School of Economics）正是在对哈佛学派的批判中崛起的，此外对哈佛学派的批判者还有威斯康星大学和普林斯顿大学研究中心等。芝加哥学派的代表人物主要有：施蒂格勒、德姆塞茨，米尔顿·弗里德曼（Milton Friedman）等。在与哈佛学派的论战中，他们继承了芝加哥学派的经济自由主义思想，提出了自由竞争理论和公共政策主张，对于反垄断和反政府规制政策的制定等方面产生了巨大影响。1968 年，标志着芝加哥学派在产业组织理论上成熟的《产业组织》一书问世，这部著作的作者是美国著名经济学家乔治·施蒂格勒（George J. Stigler）。以施蒂格勒为代表的芝加哥学派认为，一定程度的垄断势力或者不完全竞争即便在市场中存在，只要政府不介入进行规制，加上长期上有新参与者大量涌入，因集中产生的超高利润是无法维持下去的，长期的竞争均衡在实践中能够自然地实现。同时，哈罗德·德姆塞茨（Harold Demsetz）教授也不认同贝恩的"集中度—利润率"假说。他通过大量实证研究证实不一定是由于垄断现象才使得集中度高的产业得到高额利润率，真正的原因是产业拥有较高的生产效率。因此，对于一个生产率较高、正常运行的产业市场是没有必要通过政府政策来进行规制的。芝加哥学派推崇自由市场中的产业竞争机制，认为市场本身是具备自我调节能力的，政府应该尽量不干预市场的正常运行，这也是芝加哥学派被称为"自由主义学派"的原因。与哈佛学派的结构主义逻辑不同，芝加哥学派认为起关键作用的是市场绩效，应重点考察市场集中度及定价是否能提高或降低效率，而高集中度市场中的大企业必然存在规模经济带来的高效率。芝加哥学派认为兼并能够使有限的社会资源从那些效益差、生产效率低的企业手中流向效益好、生产效率高的企业，是企业实现外部增长的基本规则，可以自然地提高资源的配置效率与合理性。对于哈佛学派主张的将生产规模较大的企业分割开来、严格控制企业之间的兼并行为持反对态度。

综上所述，芝加哥学派崇尚弗里德曼的自由主义传统，是彻底的经济自由主义思想。强调市场长期竞争的效率，他们对政府在众多领域的市场干预的必要性持有怀疑态度，认为政府对产业经济活动的干预和制约行为应当尽量减少，扩大企业自由的经济活动范围。政府对市场经济的干预行为终将成为产业发展与进步的壁垒，降低市场机制的配置效率。施蒂格勒认为，在自由市场中存在的企业都面临着潜在进入者的竞争压力，除了政府对产业的准入规制以外，在实际生产活动中真正的进入壁垒几乎是没有的。芝加哥学派的这一观点对可竞争市场理论的形成具有重要影响。但是芝加哥学派理论也缺乏经验性的检验，忽视了政府产业政策导向对产业发展的积极能动作用。

三　可竞争市场理论垄断与效率并存观点

20 世纪 80 年代初，美国经济学家鲍莫尔等人在芝加哥学派理论基础上提出了可竞争市场理论（Theory of Contestable Markets），反对哈佛学派认为的理想市场结构下产业内需要有众多竞争企业的观点。20 世纪 70 年代后期，对政府有关产业进入规制导致的不公平及规制本身的低效率的反对愈演愈烈。1981 年，美国经济学家威廉·杰克·鲍莫尔（William Jack Baumol）在历史上第一次公开发表对"可竞争市场"概念的理解。1982 年，鲍莫尔与帕恩查（J. C. Panzar）、韦利格（R. D. Willing）联合出版了《可竞争市场与产业机构理论》一书，这部著作的问世标志着可竞争市场理论形成。鲍莫尔等人将完全可竞争市场定义为，当企业退出市场时完全不存在沉没成本，这就意味着企业进入和退出市场都是完全自由的。可竞争市场理论认为即使没有足够多数量的从业企业参与竞争，假如寡头或垄断市场中能够保持市场进入条件完全不受限制、也没有高额的进入、退出成本，那么来自于潜在竞争者的压力也将会使产业内的企业采取有效竞争行为，而与其所处的产业是何种市场结构无关。与芝加哥学派观点不同之处在于，鲍莫尔等人认为不存在施蒂格勒定义的进入壁垒，市场是否完全可竞争取决于是否存在沉没成本。沉没成本对尚处于产业外部企业是否进入的决策有重要作用，沉没成本过高会阻碍企业进入该产业。因此，政府需要做的应当是充分重视沉没成本的降低，譬如刺激减少沉没成本的技术或工艺等，并排除各种人为的进入壁垒，以确保潜在竞争压力存在，那么在完全可竞争市场上，自由放任政策比政府对产业的严格规制更加有效。

综上所述，可竞争市场理论与芝加哥学派都是依据新古典经济学的均衡分析法提出的，并注重长期分析，该理论对当时发达资本主义国家政府规制政策的思路转变和政策调整发挥了重大作用。但是可竞争市场理论也存在着缺陷，该理论在实际生产活动中的应用范围具有很大的局限性，这是由于在实际生产活动中符合该理论假设前提条件的产业并不多见。

四　新奥地利学派的社会达尔文主义观点

20 世纪七八十年代，卡尔·门格尔（Carl Menger）、欧根·冯·庞巴维克（Eugen von Bohm - Bawerk）所带来奥地利经济学派逐渐发展和壮大。这一学派逐渐兴起主要是依靠对传统 SCP 范式的批判。此后，在奥地利传统经济学派基础上的，新奥地利学派代表人米瑟斯（Ludwig von

Mises）及追随者哈耶克（F. A. Hayek）、里奇（W. O. Reckie）等人承前启后地将理论进行了吸收与改进，值得关注的是他们认为市场分析应当注重过程分析和个体行为逻辑分析，应当着重研究个人效用以及行为到价格的这种非线性因果传递，而不是新古典主义的均衡分析，这是新奥地利学派的主要特征。新奥地利学派不认同作为经济分析工具的现代数学方法，主张经济现象应当从人类行为科学的角度通过语言进行阐述；反对哈佛学派的反垄断政策，与芝加哥学派同样反对政府的干预。新奥地利学派认为，市场竞争源于企业家的创新精神，充分的竞争压力源自于自由的进入机制，政府的进入规制政策恰恰是唯一真正的壁垒，因此，废除那些过时的规制政策和不必要的行政垄断才是促进竞争的最有效手段。垄断企业正是在实际市场竞争过程中淘汰低效率企业而生存下来的最有效率的杰出企业，因而也被称为"社会达尔文主义"学派。米瑟斯在 1996 年出版《人类行为学》一书，并指出经济学本质上是一种研究人的行动的科学，应更关注所研究的经济过程。

综上所述，新奥地利学派在产业组织理论研究当中对人类行为科学方面的研究比较关注，竞争性市场被看作分散信息的利用过程，为产业经济学研究提供了新思路、新方法。新奥地利学派在政策上对政府的反垄断规制政策等行为持否定的态度，他们主张市场的完全的自由，让市场中的企业获得充分竞争，对政府规制的完全否定使得该学派理论的应用与拓展存在较大的局限性。

五　20 世纪 80 年代后期百家争鸣

20 世纪 80 年代后期，新方法与新理论对旧的产业组织理论框架进行了完善与创新。博弈论（Game Theory）的引入对产业组织理论框架有不可忽视的作用，特别是对企业的策略性行为的研究方面。在寡头垄断市场上，寡头们的决策是相互作用的，每个企业的收益取决于自身决策和其他厂商的反应。寡头之间可能发生激烈的竞争，但也可能会合作以获取更大的利益。博弈论将决策者之间策略的相互作用纳入经济模型中，是 20 世纪 70 年代以后分析寡头市场企业竞争行为的有效手段。在此期间，产业组织理论的基础也因机制设计以及不完全合同理论的提出而得到了极大的丰富。80 年代后期，法国经济学家泰勒尔（Jean Tirole）在 1988 年问世的《产业组织理论》中以"大量新的研究方法、分析工具和前沿的问题使得产业组织理论研究进入了历史上第二次高潮"。[①] 斯蒂芬·马丁（Stephen Martin）出版的《高级产业经济学》等，将非合作博弈论理论引入产业组织研究中。马丁将产业组织理论研究的重点从传统哈佛学派关注市场结构的论述，改变为突出市场行为的研究上，将整个产业组织理论体系进行了改造。以交易费用理论为基础提出的"新制度产业经济学"为企业行为研究提供了新的视角，代表人物有罗纳德·科斯（Ronald. H. Coase）、道格拉斯·诺斯（Douglass C. North）、奥利弗·威廉姆森（Oliver E. Williamson）等。此外，还有一些西方经济学家从多角度对产业组织理论进行深化研究和继续诠释，从产权理论、制度变迁理论的视角或是企业战略行为方面对产业组织理论进行探索。由以结构为中心转变为注重市场行为，引入博弈论后对市场行为的分析增加了定量研究方法；从传统产业组织理论的静态、单向的研究转变为动态的、双向研究的进步，实现了理论的实质性突破，为了可清晰辨识，将其称为"新产业组织理论"。

综上所述，这一时期产业组织理论的研究重点从"市场结构"转变到"市场行为"上，并突破了传统哈佛学派理论的 SCP 静态格局，将其深化为动态、双边的 SCP 分析框架。但是，新理论新方法也有其局限性，譬如博弈论模型多重均衡对假设变化十分敏感，存在难以检验的弊端等。西方产业组织理论经过近百年的研究与发展、延续与批判，经历理论革新与变化，但基本仍围绕市场结构、市场行为、市场绩效这三个维度展开。产业组织理论是一门应用性与理论性都很强的独立经济学科，这一理论的推广与应用不仅从理论与实践方面为西方资本主义国家产业发展提供了依据，推动了政府政策的变迁，也通过国际交流与合作，被西方社会以外的国家吸收和借鉴。

---

① 泰勒尔：《产业组织理论》，中国人民大学出版社 1997 年版，第 110—130 页。

第三节 西方产业组织理论在中国的发展

早在改革开放以前，中国就有不少学者接触到西方产业组织理论，但并未进行系统梳理和研究。随着社会不断进步，在实际经济活动中常常会遇到产业发展问题，由此我国学术界尝试着对这些问题从产业经济学的视角进行讨论。但真正系统地利用西方产业组织理论，并且结合国情解决我国产业问题、构建中国特色的产业组织理论体系则是在 20 世纪 70 年代末的改革开放以后开始的，其发展历程大致可以分为三个阶段：

一 理论引进和介绍期

改革开放以后至 20 世纪 90 年代初，是我国对西方产业组织理论的引进和介绍时期。我国集中翻译并出版了一大批产业组织理论的经典名著和介绍性论著。1980 年，美国经济学家谢佩德（William G. Shepherd）的《市场势力与经济福利导论》被商务印书馆翻译并出版，这部著作是我国首次将西方产业组织理论引进国内。此后，一系列有关于产业组织理论的著作相继问世。有同为翻译类的著作，如 1988 年中国人民大学出版社出版的，由我国经济学家卢东斌翻译的日本学者植草益关于产业组织、企业行为与政策等方面的研究成果《产业组织论》。也有我国学者与国外学者联合编著的著作，如 1985 年清华大学与世界银行经济发展学院联合编译的《产业组织经济学》。该著作系统引进了西方产业组织理论，并对这些理论的中国化应用做出尝试。也有我国学者在系统认识西方产业组织理论后独撰的著作，如 1988 年胡汝银撰写的《竞争与垄断社会主义微观经济分析》一书。这部专著以西方产业组织理论为工具，分析了中国经济活动中的竞争和垄断情况。我国著名的经济学家蒋学模评价这部著作为"我国第一部系统地研究社会主义竞争和垄断的专著，填补了一个空白"[①]。在这一历史时期的研究成果尚未突破西方产业组织理论，主要

---

① 蒋学模：《政治经济学》（第十一版），经济科学出版社 2008 年版，第 60—80 页。

以理论介绍为主，结合中国国情做出适当分析，因而并没有对中国现实经济问题与产业发展形成质的改变，但这种有利尝试已逐渐展开。

二　结合中国国情应用理论

从 20 世纪 90 年代后期至 21 世纪初，是我国将西方产业组织理论结合中国国情的应用阶段。这一时期中国对建设有中国特色社会主义市场经济的目标确立，中国经济增长速度持续上升，经济与社会发展状况产生了巨大变化，国家经济发展与产业发展中的新问题日益突显出来，中国化的产业组织理论应用应运而生。

一方面，一批经典著作开始出现。1991 年，我国著名经济学家王慧炯的《产业组织及有效竞争——中国产业组织的初步研究》堪称我国产业组织理论研究的奠基之作；[①] 1991 年，卢东斌分别利用哈佛学派和芝加哥学派的产业组织理论分析我国重点产业中问题的《中国产业组织分析》问世。1993 年，马建堂用实证研究手法对我国主要行业的市场结构、市场行为和绩效做出分析的《结构与行为——中国产业组织研究》出版，并提出提高产业绩效产业升级、改进企业行为实现产业升级的政策建议。随着产业经济学学科地位的确立，一大批学科专著诞生，如1996 年毛林根针对我国第二产业提出产业组织改革与创新思路的《结构？行为？效果——中国工业产业组织研究》。其中一些著作至今仍有很强的指导意义，如金碚的《产业组织经济学》，是我国目前仍在使用的系统介绍现代西方产业组织理论的教材类书籍。这些著作不仅丰富了产业组织理论基础，同时也对经济发展实践当中我国的产业问题提供了思路和可行的建议。

另一方面，大量关于产业经济研究的期刊文献问世。创办于 1955 年的经济类刊物《经济研究》成为这一时期产业组织理论成果发表的阵地，大量高水平的理论文章层出不穷。同时，张维迎、蒋学模等学者在

---

① 戚聿东：《我国产业组织研究的奠基性著作〈产业组织及有效竞争〉评介》，《管理世界》1991 年第 2 期。

《管理世界》和《改革》等学术刊物上从产业经济学视角结合实践展开专门分析。总之，这个阶段的丰硕成果给我国产业组织研究带来了新思路，对于政府对产业发展管制程度以及如何协调各利益层级关系问题展开研究。

三　深化研究和理论改良期

千禧年之后至今，是产业组织理论在中国本土化创新与发展阶段。这一时期的研究出现两个显著特征：一是专门的产业组织研究刊物产生。除依然是产业组织理论研究阵地的《经济研究》以外，2002 年，由南京财经大学主办的专注于产业组织建构、产业核心竞争力及产业政策制定与战略调整等方面研究的《产业经济研究》正式创刊。二是方法论的调整以及具体行业研究的不断深入。随着博弈论、行为经济学等理论引入国内，关于企业竞争行为、市场竞争战略等方面的研究越来越深入和具体。如对于金融、电信、保险、房地产等某一产业领域，国内学者们优化 SCP 分析模型使其对该产业更加适用。这一阶段的主要特征是根据我国产业的具体情况对 SCP 分析框架进行拓展与改进。例如，郑世卿的《产业组织视角下的中国旅游业》一书，以 R–SCP 模式为框架将改进了的产业组织理论应用于中国旅游业的分析中，即"政府规制（Regulation）—市场结构（Structure）—市场行为（Conduct）—市场绩效（Performance）"；徐枫、李云龙鉴于光伏产业发展的特殊性，通过产业组织理论构建中国光伏产业金融支持的 F（Finance）–SCP 分析范式，并结合金融支持要素投入与光伏产业发展，通过实证分析发现中国光伏产业存在金融支持主体不完善、方向不合理、金融支持效率不高、要素结构不合理等问题。以及唐雄的《基于 SCP 范式的全球油田服务产业组织分析》[1]、沈汝源的《美国航天产业发展研究》[2] 等。

综上所述，经过了近百年的变迁，SCP 分析框架已不是结构主义盛

---

① 唐雄：《基于 SCP 范式的全球油田服务产业组织分析》，《理论月刊》2013 年第 8 期。

② 沈汝源：《美国航天产业发展研究》，博士学位论文，吉林大学，2015 年。

行时期的单向关联范式，而是可以将特定产业组织研究的主要内容放置在一个简洁框架中进行深入分析的逻辑结构。所以尽管产业组织理论的分析框架已经突破了这一模式，但它作为产业组织理论体系主体逻辑结构的地位没有改变。在对新兴产业研究中利用 SCP 范式进行中观层面的产业研究具有较强系统性与科学性。

第四节　本章小结

本章系统地阐述了产业组织理论的起源及发展。首先，从产业组织理论概念的提出入手，阐述了产业组织理论的起源；其次，系统梳理了西方产业组织理论的发展与变迁。主要包括：20 世纪 30—60 年代，哈佛学派建立 SCP（Structure – Conduct – Performance）的理论分析范式，SCP 范式的构建标志着产业组织结构主义学派理论形成了比较完整的体系；20 世纪 60—80 年代，在对哈佛学派的批判中崛起的芝加哥学派（Chicago School of Economics）正是经济自由主义的代表；20 世纪 80 年代初，在芝加哥学派自由主义产业组织理论的基础上形成了可竞争主义理论，反对哈佛学派认为的理想市场结构下产业内需要有众多竞争企业的观点；20 世纪七八十年代，新奥地利学派得以发展，他们认为，垄断企业正是在实际市场竞争过程中淘汰低效率企业而生存下来的最有效率的杰出企业，是市场优胜劣汰的结果；20 世纪 80 年代后期，博弈论等理论引入产业组织理论中，形成了新产业组织理论体系。最后，阐述了西方产业组织理论在我国的发展与变革，从理论引进与介绍到结合我国国情进行应用，再到对产业组织理论进行深化与改良。SCP 分析框架日趋科学化、本土化，为开展新兴产业的中观层面研究提供了系统的主体逻辑结构。

第三章　美国卫星产业发展历程、
现状及产业组织特点

美国虽然当前在全球成为了卫星产业大国，但是卫星产业从技术储备到有今天的发展成就，是经历了一个漫长的历史过程的。美国卫星产业的发展历程、现状及组织特点是进行 SCP 框架分析的必要基础。

第一节　美国卫星产业的概念及分类

一　卫星的定义及分类

"卫星"可以分为天然卫星与人造卫星。天然卫星是围绕一颗行星并按闭合轨道做周期性运行的天然天体。人造卫星是利用火箭、航天飞机等太空运载装置发射到太空中的，能够像天然卫星那样环绕地球或其他天体在太空轨道上运行的人造航天器。下文所述卫星皆指人造卫星。

卫星按不同划分标准和依据可以形成诸多分类。如：

按照卫星应用领域分类，可分为通信卫星、导航卫星和遥感卫星。其中遥感卫星中的"遥感"即遥远的感知，一般位于距离地面400—700千米的高空轨道上，利用其搭载的可见光、微波和热红外传感器，接收并分析来自地面的电磁波信号，实现对地球的远程观测。①搭载可见光传感器的遥感卫星，在太空当中扮演"地球照相机"的角色，可以呈现出地球真实的自拍，但会受到天气条件影响，如多云、雨或大雾等将影响"拍摄"效果。如美国的 Dove 2k - 12、Dove 2p - 3 等卫星等属于光学成像卫星；②搭载微波传感器的遥感卫星，接收自身发射的电磁波或者雷达传感器的回波，响应从 1—1000 毫米的电磁波波长，对地表的植被、松散沙层等具有一定的穿透能力。如美国的 Capella – 1、Capella – 8 卫星属于合成孔径雷达（Synthetic Aperture Radar，SAR）卫星；③携带热红外传感器的遥感卫星，像一台"热成像仪"，通过捕捉物体向外发射的红外能量，实现对地球的遥感。如美国的军用卫星 USA 149、USA 159、USA 176 等。此外，按遥感卫星的具体用途，还可以细分为陆地卫星、海洋卫星、气象卫星等。

按照卫星发射目的分类，① 可以分为：通信卫星（Communications）、地球观测卫星（Earth Observation）、导航及全球定位卫星（Navigation/Global Positioning）和科技发展、科技探索、太空科学、太空观测以及多目的兼有卫星等。其中，通信卫星是发射数量比重最高的，此类卫星是发射或转发无线电信号，实现卫星与地球站之间或地球站与其他航天器之间通信的。具有通信距离远、容量大、质量好、可靠性高和灵活机动等优点，是现代通信的重要手段。

按照卫星的用户性质不同，② 可以分为：商业用（Commercial）、政府用（Government）、军方用（Military）、居民用（Civil）以及混合性质卫星等。

按照卫星用途分类，可分为科学卫星类、技术试验卫星类和应用卫星类等三大类。其中每一类又可按具体的用途范围再进行分类，如用于科学探测研究的卫星有空间物理探测卫星和天文卫星等；直接为国民经济、军事和文化教育服务的应用卫星有通信及广播卫星、气象卫星、测地卫星、地球资源卫星、导航卫星、侦察卫星等。

二　美国卫星产业的概念界定

卫星产业（Satellite Industry）是航天产业（亦称太空产业或空间产

---

① 此分法来源于忧思科学家联盟数据库（Union of Concerned Scientists Database），网址：https：//www.ucsusa.org。

② 此分法来源于忧思科学家联盟数据库（Union of Concerned Scientists Database），网址：https：//www.ucsusa.org。

业，Space Industry）的重要组成部分，全球卫星产业收入占航天产业的76.82%①。而航天产业是由太空技术、太空应用、太空科学三大领域共同发展形成的高科技产业。航天产业一般是指利用火箭发动机推进的跨大气层（包括太空飞行）飞行器及其所载设备、武器系统和各种地面设备的制造业，同时包括各种飞行器的发射服务业和应用领域。它是集设计、生产、测试和应用于一体的高技术产业。大多数具备航天能力的国家都将该产业作为独立的行业进行发展，并主要承担着研制和生产导弹、武器的职能。② 由于商业载人、深空探测、太空站等业务仍处于萌芽阶段，总体经济规模较小，因此航天产业中卫星产业产值占比较大。

"产业"是社会分工和生产力不断发展的产物，是具有某类共同特征的企业的集合。从产业组织层面上看，产业是生产同类或有密切替代关系的产品、服务的企业集合，企业间存在竞争关系，这是可进行垄断程度分析的前提。国内外关于卫星产业的咨询研究已经比较成熟，但对于卫星产业的概念并未给出明确阐释。随着时代的发展，卫星私营企业在军事、国防及科研等类卫星的制造方面逐渐承担起更多任务，而军队等国防部门以更多地租用商业卫星服务取代过去的自行开发模式，由此，卫星产业的界定也越来越模糊。③ 作者尝试借鉴美国卫星产业协会这一专门机构的细分方式，把美国卫星产业界定为：利用火箭发动机推进的跨大气层围绕一颗行星轨道并按闭合轨道做周期性运行的人造天体及其运载测控设备的制造、服务领域的企业集合，具体包括：卫星制造业、发射服务业、卫星地面设备制造业及运营服务业（见图3-1）。

在我国，有时候将卫星产业划分为卫星制造业和卫星应用产业两大部分。习惯上将卫星应用（产业）涵盖了地面设备制造业与卫星运营服务业。发射服务业（含运载火箭制造）在成熟的市场咨询与统计报告中

---

① Satellite Industry Association，State of the Satellite Industry Report，https：//www.sia.org/news-resources/.

② 金壮龙：《中国航天产业竞争力》，中国宇航出版社2004年版，第12—13页。

③ 蔡高强、刘功奇：《中国商业卫星产业知识产权保护探析》，《北京理工大学学报》（社会科学版）2015年第2期。

一般合并统计。

卫星制造
· 平台制造
· 有效载荷制造

卫星发射
· 依靠运载火箭

地面设备制造
· 网络设备
  信关站
  控制站
  通讯终端

· 消费设备
  卫星电视、宽带、移动通讯终端
  GNSS单机
  GNSS芯片组

运营服务
· 遥感业务
· 航天飞行管理
· 卫星移动服务
  移动数据业务
  移动语音业务
· 卫星固定服务
  转发器租货
  管理网络服务
· 消费服务
  卫星电视服务
  卫星音频广播
  卫星宽带

图 3 - 1　卫星产业链上四大细分领域

三　美国卫星产业的分类

1. 全球卫星产业分类概况

全球在轨卫星数量不断增长，忧思科学家联盟（Union of Concerned Scientists，UCS）的统计数据清晰地反映出这一变化。

截至 2018 年 11 月 30 日，全球实际在轨卫星共计 1957 颗。[①] ①从国别与卫星分布上看，全球有 50 多个国家和地区拥有自己的卫星，但是形成了以美国为首，中国、欧洲、俄罗斯为第二梯队，日本、印度急起直追的地区分布格局。其中，美国是世界上拥有卫星数量最多的国家，拥有 830 颗卫星，约占全球在轨卫星总量的 42%；中国、欧洲（含各国）、俄罗斯、日本、印度、加拿大分别独立拥有 280 颗、245 颗、149 颗、75颗、54 颗、37 颗，分别占全球在轨卫星的 14%、12.5%、7.6%、3.8%、2.8%、2.0%。②从发射卫星的用途上看，民用卫星与商用卫星

---

① Union of Concerned Scientists Database，https：//www. ucsusa. org/nuclear-weapons/space-weapons/satellite-database？_ ga = 2. 240106947. 1379936430. 1547904326-771602479. 1547904326#. XE Ozx_ kzaUl.

数量最多，共有 995 颗（民用 147 颗，商用 848 颗），占 50.8%；政府卫星为 540 颗，占全球在轨卫星总量的 27.6%；军用卫星比重最低，共有 422 颗，占 21.6%。③从发射卫星的目的上看，通信卫星有 777 颗，占全球在轨卫星总量的 39.7%；对地观测卫星为 735 颗，占 37.6%；导航卫星为 137 颗，占全球在轨卫星总量的 7%；太空科学与技术验证类卫星为 308 颗，占全球在轨卫星总量的 15.7%。

截至 2022 年 5 月 1 日，围绕地球运行的在轨卫星共计 5465 颗[1]。①从国别与卫星分布上看，美国是世界上拥有卫星数量最多的国家，独自拥有 3415 颗卫星（不包含与他国共有或控制），约占全球在轨卫星总量的 62.4%；中国、英国、俄罗斯、日本、印度、加拿大分别独立拥有 536 颗、486 颗、170 颗、88 颗、59 颗、56 颗，分别占全球在轨卫星的 9.8%、8.8%、3.1%、1.6%、1.0%、1.0%。②从卫星的用户性质上看，民用卫星与商用卫星数量最多，共有 4199 颗（民用 152 颗，商用 4047 颗），占 76.8%；政府卫星为 527 颗，占全球在轨卫星总量的 9.6%；军用卫星比重最低，共有 424 颗，占 7.7%。③从发射卫星的目的上看，通信卫星有 3602 颗，占全球在轨卫星总量的 65.8%；对地观测卫星为 1117 颗，占 20.4%；导航定位卫星为 152 颗，占全球在轨卫星总量的 2.8%；技术发展与示范类卫星为 403 颗，全球在轨卫星总量的 7.4%。

2. 美国卫星产业构成及分类

美国卫星产业在全球可居首位，其在轨卫星数量与卫星产业收入均位列第一。

截至 2018 年 11 月 30 日，美国在轨卫星总量为 830 颗。①从发射卫星的用途上看，民用卫星与商用卫星数量最多，共有 503 颗（民用 24 颗，商用 479 颗），占美国在轨卫星总量的 60.6%；政府卫星为 160 颗，占 19.3%；军用卫星共有 167 颗，占 20.1%。其中，美国民用与商用卫

① Union of Concerned Scientists Database，https：//www. ucsusa. org/nuclear-weapons/space-weapons/satellite-database? _ ga = 2. 240106947. 1379936430. 1547904326-771602479. 1547904326#. XE Ozx_ kzaUl.

星比重远高于全球水平，其商业化程度较高。②从发射卫星的目的上看，通信卫星有 334 颗，占美国在轨卫星总量的 40.2%；对地观测卫星为 360 颗，占 43.4%；导航卫星为 31 颗，占 3.7%；太空科学与技术验证类卫星为 105 颗，占 12.7%。

截至 2022 年 5 月 1 日，美国在轨卫星总量为 3415 颗。①从卫星的用户性质上看，民用卫星与商用卫星数量最多，共有 3009 颗（民用 28 颗，商用 2981 颗），占美国在轨卫星总量的 88.1%；政府卫星为 67 颗，占 1.9%；政府与商业两用卫星有 78 颗，占 2.3%；军用卫星共有 196 颗，占 5.7%。其中，美国民用与商用卫星比重远高于全球水平，其商业化程度较高；同时，军民两用卫星比例有大幅提高。②从发射卫星的目的上看，通信卫星有 2682 颗，占美国在轨卫星总量的 78.5%；对地观测卫星为 483 颗，占 14.1%；导航卫星为 34 颗，占 1.0%；技术发展与示范类卫星为 147 颗，占 4.3%。通信卫星与对地观测卫星比重略高于全球占比，但导航类卫星占比低于全球占比。尽管美国导航类卫星虽然发射数量不多，但全球覆盖面积广，其 GPS 定位系统全球覆盖率高达98%。值得关注的是，2022 年 5 月的在轨卫星数量相较于 2018 年 11 月，呈现井喷式增长。2019 年 5 月至 2022 年 5 月，仅美国 SpaceX 公司"星链计划"发射的卫星数量就达到 2219 颗。

表 3 - 1   美国、中国、俄罗斯 2018 年与 2022 年在轨卫星数量对比

时间　项目	2018 年 11 月	2022 年 5 月	增长率
全球	1957 颗	5465 颗	179.25%
美国	830 颗	3415 颗	311.45%
中国	280 颗	536 颗	91.43%
俄罗斯	149 颗	170 颗	14.09%

数据来源：笔者根据忧思科学家联盟网站数据作出，https://www.ucsusa.org。

由于针对美国卫星产业进行研究，要求数据分类较为详细，因此选

择美国卫星产业协会（Satellite Industry Association，SIA）对外公布的年度收入数据进行汇总与分析。美国卫星产业细分为四大领域，主要包括：卫星制造、发射服务、地面设备制造和卫星（运营）服务。其中，卫星制造和发射服务居于产业链上游，地面设备制造和卫星（运营）服务居于产业链下游。①卫星制造业可分为卫星制造以及组件和分系统制造，包括政府和商业用户两部分，以合同形式交给企业生产的军、民、商用航天器；②发射服务业包括发射服务和运载火箭服务。包括政府和商业用户两部分，以合同形式交付发射的航天器；③地面设备制造业包括网络设备和大众消费设备。其中，网络设备主要包括信关站、网络运营中心（NOCs）、卫星新闻采集（SNG）、甚小孔径终端（VSAT）；大众消费设备主要包括卫星电视天线、卫星无线电设备、卫星宽带天线、卫星电话和移动卫星终端、卫星导航单机硬件等；④卫星（运营）服务业包括大众通信消费服务、卫星固定通信服务、卫星移动通信服务和对地观测服务。其中，大众通信消费服务包括卫星电视、卫星广播、卫星宽带业务；卫星固定通信服务包括转发器租赁协议、网络管理服务（包括机载服务）。

第二节　美国卫星产业的发展历程

从前述的产业概念上看，产业的经营对象和范围是围绕着"共同产品"展开的，卫星产业作为航天这一战略性新兴产业①的一部分，其成为一个"产业"的发展历史不过短短二十几年，但是卫星产业脱胎于

---

① 战略性新兴产业最早由前总理温家宝于 2009 年在《让科技引领中国可持续发展》的报告中指出，战略性新兴产业是指掌握关键核心技术，具有市场需求前景，具备资源能耗低、带动系数大、就业机会多、综合效益好等特点的新兴产业。2010 年《国务院关于加快培育和发展战略性新兴产业的决定》将其明确定义为"以重大技术突破和重大发展需求为基础，对经济社会全局和长远发展具有重大引领带动作用。知识技术密集、物质资源消耗少、成长潜力大、综合效益好的产业，它包括节能环保产业、新一代信息技术产业、生物产业、高端装备制造产业、新能源产业、新材料产业、新能源汽车产业"。在战略性新兴产业分类名单中，卫星及应用产业划分在高端装备制造产业类别下。

航天与军事领域，其诞生过程离不开相关领域的发展与进步。按照相关领域孕育卫星产业从无到有的历史过程，大致将卫星产业发展历程分为以下三个阶段。

一 蓄势待发的准备期（19 世纪末至 20 世纪 40 年代）

19 世纪末至 20 世纪 40 年代是美国卫星产业的准备期。卫星产业的发展是以火箭技术的产生和进步为基础的，在这一时期，火箭技术逐渐进入大众视野，为卫星产业发展提供了可能。起初由于对火箭技术的实用价值不明确而开发该技术却需要大量经费投入，因而，对火箭技术的研究并没有获得政府的大力支持和资金帮助，只是少数科学家进行的自主研究。这种状况对于以火箭技术为基础的卫星产业发展十分不利，因此，卫星产业的开端经历了漫长的准备期。随着一批卓越的科学家不断开拓和创新着火箭技术，并以此创造了经济和政治上的双重效果，才使卫星产业逐渐吸引了社会各界的关注。

尽管发展缓慢，美国、苏联和德国都是火箭技术发展的全球领跑者。由于太空技术尚处在自由探索阶段，各国的发展水平从总体上看差异性并不大。普遍认为运载火箭技术产生于第二次世界大战时期的德国，这主要是因为二战时德国 V－2 火箭①的威名远播。但事实上，火箭技术在此之前就已经开始发展了。这一时期火箭技术在苏联、德国和美国分别独立地发展：①1898 年，苏联科学家康斯坦丁·齐奥科夫斯基提出了计算火箭速度的公式，并建议使用液体推进剂和多级火箭，被誉为提出运载火箭工作原理的奠基人。②1904 年，德国的路德维希·普朗特（Ludwig Prandtl）将太空技术与应用力学开创性地结合在一起，为火箭技术的发展做出了巨大贡献。③被誉为美国"火箭之父"的科学家——罗伯特·戈达德（Robert H. Goddard）提出了同齐奥科夫斯基相似的火箭工

---

① 德国的 V－2 火箭工程起始于 A 系列火箭的研究，由冯·布劳恩主持，是 1936 年在佩内明德新建火箭研究中心的重点项目。经过许多新的改进，性能大大提高，由纳粹的宣传部长戈培尔命名为"复仇使者"，所以代号变为 V－2。V－2 飞弹在俯冲攻击目标时候速度高达 4 马赫（4 倍以上音速），在整个 300 公里射程内的飞行时间仅有 8 分钟。

程学理论，且将理论付诸实践，于 1926 年成功地试射了世界第一枚液体推进剂火箭。在此期间，美国、苏联、德国纷纷成立火箭协会或航天协会等研究机构，美国国会于 1915 年创立了国家航空咨询委员会（NA-CA），也就是美国国家航空航天局（NASA）的前身，[1] 以及由普朗特的弟子冯·卡曼（Karman）带领的美国加州理工学院古根海姆航空实验室（GALCIT）等。虽然火箭研究机构的数量和级别都不低，但是，火箭技术并没有得到政府层面的充分重视和资金上的大力扶持。这种情况直到第二次世界大战期间，德国 V - 2 火箭在二战中所展现出来的巨大威力震惊了美国政府，才使得这种"怠慢"的态度发生了重大改变。从德军处缴获的 V - 2 火箭是美国实现向大型火箭和导弹转型的契机，在冯·布劳恩（德）等人的帮助下，美国逐步摆脱原有水平徘徊期。在政府的重视之下，这一时期美国在太空领域取得诸多进展：冯·卡曼的古根海姆航空实验室改组为喷气推进实验室（Jet Propulsion Laboratory，JPL），该实验室在战后为太空发展与研究做出了卓越贡献，我国著名火箭专家钱学森曾是其中重要一员；波音公司和洛克希德·马丁公司等相继创立并初具规模。1946 年，兰德（RAND）公司应美国空军要求提交了一份报告，报告指出：美国当前技术与经验基本达到了发射卫星的水平；卫星的研发具有重要军事价值，因为"发射洲际火箭导弹和发射卫星之间的设计和实施没有什么差别，发展一颗卫星将可以被直接应用于一个洲际火箭导弹的发展"[2]；并预见到卫星可能带来的巨大的国际政治影响和心理震慑作用。这份报告的诞生具有划时代意义，被称为"开启太空时代大门的钥匙"。由此可见，火箭技术的日益成熟及在军事领域的突出表现为卫星产业发展奠定了基础。

---

① Roger E. Bilstein, Orders of Magnitude：A History of the NACA and NASA, http：//www. hq. nasa. gov/office/pao/History/SP - 4406.

② 张杨：《美国外层空间政策与冷战——兼论冷战的知觉错误与过度防御心理》，《美国研究》2005 年第 3 期。

二 两极竞争中的高速发展期（20 世纪 40—90 年代）

20 世纪 40—90 年代，美国卫星产业受冷战①影响进入高速发展期。卫星产业的政治与军事价值被证实后，与苏联在卫星产业领域展开了激烈的太空竞赛。这一阶段卫星产业的发展主要服务与军事与政治威慑，但其经济价值也受到一定关注。

二战结束后，1947 年美、苏冷战的序幕徐徐拉开，在没有硝烟的战场上能"威慑"对手的硬实力显得格外重要。随着冷战的日益激化，卫星产业发展与外空防务开始逐渐被重视起来。国防部于 1948 年，在签发的关于卫星运载工具的声明中指出美国空军负有制造卫星的责任，与卫星有关的研究要尽快发展起来。1949 年，兰德公司召开题为"研究非常规武器之心理效应的方法论"的讨论会，参会者对美国如果可以率先发射一颗卫星所产生的心理效应从各角度进行分析，并认为卫星产业技术的先进性可使美国的"国家威信"得到提升，发展卫星产业的政治与军事意义重大，并且在这种特殊时期可作为一种持续侦查的方式。到 20 世纪 50 年代，卫星产业的发展已经逐步被国家政权重视起来，不仅在政策上逐步向着有利于卫星技术发展的方向进行调整，甚至已经开始从国家战略的高度来规划和引导卫星产业的发展。截至 1950 年，兰德公司在美国空军的支持下已经就卫星的技术问题、工程问题、心理和政治影响问题提交了十几份研究报告。可以说，卫星技术的可行性和实用价值已经得到充分论证。然而，令美国始料未及的是，苏联于 1957 年 10 月，率先成功发射"苏联卫星一号"（Sputnik I）人造卫星，宣布人类进入"太空时代"。这一划时代壮举打破了美国针对自身率先发射卫星的相关预判，一时间使美国陷入被动，但会议中对卫星侦察作用的认可，为卫星

---

① 冷战（Cold War）是指 1947 年至 1991 年之间，美国、北大西洋公约组织为主的资本主义阵营，与苏联、华沙条约组织为主的社会主义阵营之间的政治、经济、军事斗争。1946 年 3 月，英国前首相丘吉尔在美国富尔顿发表"铁幕演说"，正式拉开了冷战序幕。1947 年 3 月，美国的杜鲁门主义出台，标志着冷战开始。北约和华约成立标志着两极格局的形成。1991 年华约解散，之后苏联解体，标志着冷战结束，同时也标志两极格局结束。美国成为世界上唯一的超级大国，世界格局变为世界多极化进程中的"一超多强"。

产业发展获得国家的战略化扶持奠定了基础。美国并不甘心在争夺"外空第一"方面落后于苏联，但仅过了一个月，"苏联卫星二号"再次发射成功。"苏联领先"的压力迫使1958年1月美国陆军"轨道"计划孕育的第一颗卫星"探险者1号"在冯·布劳恩（德）团队的努力下发射成功；而5月苏联又成功将重达1327公斤的"苏联卫星三号"送入太空。1959年8月，"发现者14号"试验成功，次日带回了获取的苏联军事图像情报。但是，美国政府宣称因其"和平利用外层太空"中有一部分是涉及国家安全的，所以美太空活动含有"防御性"的武器系统和军事太空活动。① 虽然一直以防御为名目，但到了60年代以后，和平利用卫星技术的面纱被揭开，具有攻击性的太空武器如反卫星武器、反弹道导弹等再也无法掩盖其真实目的性。此时，美国卫星产业已与和平利用太空渐行渐远。为了避免沉重的军备竞赛负担与对卫星产业军事方面的过度开发，1967年，苏联与美国政府几经磋商最终签订了《外层太空条约》，这份国际协议禁止在外太空部署大规模杀伤性武器。20世纪七八十年代末，在美国政府的支持下，美国卫星产业在军用、民用领域皆有长足的发展，卫星产业的经济价值也逐渐被发掘。美国蔡斯计量经济学会与中西部研究所对美国国家航空航天局（NASA）R&D的投入产出比做出分析，发现卫星产业具有惊人的回报率。

三　平稳发展中的商业化转型期（20世纪90年代至今）

20世纪90年代至今，美国卫星产业在平稳发展中向商业化转型，并显露出武器化野心。冷战结束后，苏联解体使得美国成为世界上唯一的超级大国，剑拔弩张的太空竞赛呈现出冷静和理性态势。军事与政治驱动因素淡化后，经济效益成为了社会各界关注的重点。作为市场机制发达且成熟的资本主义强国，美国卫星产业发展越来越重视商用及民用领域，逐步向商业化迈进。但随着发展中国家经济的发展、美国经济的

---

① ［美］威廉·J. 德沙：《美苏空间争霸与美国利益》，李恩忠等译，国际文化出版社1988年版，第159页。

衰退，美国为维护自身的霸主地位，对卫星的军事"侦察"要求日趋强烈，逐渐显露出将商用军用化的野心。

一方面，美国卫星产业商业化蓬勃发展。20 世纪 90 年代，为了推动卫星产业发展，美国政府逐步放松管制，促进私营企业进入这个产业的发展中来。这主要是因为随着新奥地利经济学派社会达尔文主义、可竞争市场理论鼓励自由经济主义发展，政府管制政策逐步放宽，利用市场自由竞争发展经济的理念占据主导地位。只要条件具备，政府就应放松管制，引入竞争机制和市场内的竞争。[①] 因此，政府对卫星产业的商业化进程予以大力支持和引导。因为美国政府确信私营企业进入卫星产业，会提高产业效率给国家带来巨大的经济效益，促进卫星产业产品的丰富和服务状况的提升。因而美国政府转变思路，改变了只有政府才能使用自有运载设备发射商业卫星的规定。1995 年，美国卫星产业协会（SIA）成立，该行业组织由几家美国主要卫星公司组成，作为发展全行业共同业务、监管和政策利益讨论的基地。美国卫星产业协会的建立对卫星产业发展有积极作用，所涉及领域包括：监管职能（卫星许可，频谱分配和监管政策）、政府服务、公共安全、出口管制政策和国际贸易问题。1996 年，NASA 与由洛克希德·马丁公司[②]和波音公司[③]组建的联合发射联盟签署一份合同，按照双方约定将过去由 NASA 所管理和参与的一些重要项目转交联合发射联盟负责，一部分授权的职责和功能性职权也一并转交给联合发射联盟，并提出在六年过渡期之后，将会促使国

---

① 雷帅：《美国商业航天运输及使能产业的经济影响分析和展望》，《中国航天》2011 年第 3 期。

② 洛克希德·马丁公司，全称洛克希德·马丁空间系统公司（Lockheed Martin Space Systems Company，LMT），前身是洛克希德公司（Lockheed Corporation），创建于 1912 年，是一家美国航空航天制造商。公司在 1995 年与马丁·玛丽埃塔公司合并，并更名为洛克希德·马丁公司。洛克希德·马丁公司的总部位于马里兰州蒙哥马利县的贝塞斯达。

③ 波音公司（The Boeing Company），成立于 1916 年 7 月，是世界上最大的民用和军用飞机制造商之一，位于芝加哥市。波音公司设计并制造旋翼飞机、电子和防御系统、导弹、卫星、发射装置，以及先进的信息和通信系统。作为美国国家航空航天局的主要服务提供商，波音公司运营着航天飞机和国际空间站，还提供众多军用和民用航线支持服务，其客户分布在全球 90 多个国家，是美国最大的出口商之一。

会进一步考虑产业化和私营化。① 同年，美国政府首次把增强"经济竞争力"写入卫星产业相关政策中。美国政府在产业政策上给予私营卫星企业诸多优惠与倾斜，旨在吸引更多私营企业投入卫星产业经营中。美国政府为了鼓励商业卫星企业发展，要求"在市场上存在商业航天能力的情况下最大限度地采购和使用此等能力"。同时，美国政府还对与私营企业相竞争的业务进行剥离，将政府机构与私营企业的职能划分开来，使国家航空航天局更专注于深空探索方面的发展。此外，为了便于军用成果与民用相互转化，美国军方采用了货架式生产管理方式，令卫星产品规格为军、民通用型，并采用产品批量生产和集中采购的经营模式。

美国太空探索技术公司（SpaceX）加入卫星产业市场以后，对于传统航天企业造成一定程度冲击。SpaceX 公司研制"猎鹰 - 9"火箭和"龙"飞船的研制费用都在 3 亿美元左右，历时约 4 年，而公司当时的员工总数只有约两千人，这种高效率正是商业化带来的市场竞争的好处。② 此后，SpaceX 公司"星链"计划发射的商业通信卫星均采用"猎鹰 - 9"火箭进行发射。2022 年 12 月，"星链"增加了物联网③（IOT）相关服务业务。2021 年 9 月 SpaceX 公司收购了一家物联网卫星初创公司——蜂群科技（Swarm），并将其归到"星链"的部门，这是马斯克的航天公司罕见的收购行动。蜂群卫星的星座是由 150 颗极其小的卫星组成的，一颗卫星重量约为 2.3 千克，只有四分之一 U 大小（11cm × 11cm × 2.8cm），使用低轨道超小型卫星提供低带宽卫星连接，每月仅需 5 美元，可以在线订购。群卫星覆盖地球上的每个点，使物联网设备能够在任何位置以经济实惠的方式运行。如果将传感器放置在想要跟踪的目标

① 尹玉海、田炜：《美国航天飞机商业化的若干问题》，《中国航天》2005 年第 8 期。

② 龙江、肖林、孙国江：《SpaceX 公司运行模式对我国航天产业的启示》，《中国航天》2013 年第 11 期。

③ 物联网（Internet of Things，IOT）是指通过各种信息传感器、射频识别技术、全球定位系统、红外感应器、激光扫描器等各种装置与技术，实时采集任何需要监控、连接、互动的物体或过程，采集其声、光、热、电、力学、化学、生物、位置等各种需要的信息，通过各类可能的网络接入，实现物与物、物与人的泛在连接，实现对物品和过程的智能化感知、识别和管理。物联网是一个基于互联网、传统电信网等的信息承载体，它让所有能够被独立寻址的普通物理对象形成互联互通的网络。

上，如车、船、集装箱或牲畜和宠物身上，即可通过卫星进行定位，其促销价格仅为 99 美元/个；M138 调制解调器只要安装在物联网设备上，即可与蜂群卫星进行双向数据传输，其促销价格仅为 89 美元/个（如图 3－2 所示）。SpaceX 公司称"蜂群 Swarm 为物联网设备提供世界上成本最低的全球链接"，能够把火箭卫星这类"高边疆"的商品价格降到"平民价"，正是商业化程度较高的价值体现，实现了卫星产品"淘宝"模式。

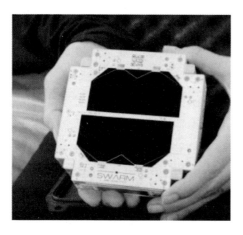

250mm

45mm

120mm   120mm

图 3－2　蜂群卫星、资产追踪器

另一方面，美国卫星产业显露出武器化趋势。第一，美国将太空列为关键作战领域，强化太空的战略意义。美国陆军领导人决定把每年的 11 月 27 至 12 月 1 日定为"航天周"。重视构建以美国为头雁的"雁阵格局"：在东北亚地区，表现为扶持日本与韩国卫星产业发展，与之结成战略盟国，卫星监测数据互通有无，以弥补美国对该地区观测力不足的缺陷；在太平洋形成了以关岛为主的基地群；在东南亚形成了以新加坡、菲律宾为主的基地群；在印太圈形成了以迪戈加西亚岛、澳大利亚为主的基地群；在西亚和东非形成了"珍珠链"军事基地群等。第二，退出限制太空武器化相关条约。2001 年 12 月，美国退出美苏《反弹道导弹条约》，2018 年 10 月，退出美苏《苏联和美国消除两国中程和中短程导弹条约》。除在全球范围内部署弹道导弹防御系统（如萨德系统等）以外，还意图将美国在太空已有军事化色彩的"存在感（Presence）"升级为武器化的"统治力（Dominance）"。第三，对管理部门进行调整与增设。2017 年 6 月，美国总统特朗普签署行政命令，下令重建国家太空委员会（National Space Council，NSC），负责就国家太空政策和战略向总统提出建议及在政府机构和各部门间协调民事与军事太空政策。① 事实上，美国的国家太空委员会几经废立，此次重建国家太空委员会是为了强化恢复太空"统治力"的目标，特朗普认为此举是确保美国太空未来的关键一步。在 2023 年 2 月的商业太空运输会议上，国家太空委员会执行秘书齐拉格·帕里克（Chirag Parikh）支持将商业能力整合到"危机和冲突中"太空行动的军事计划中的想法。2018 年 12 月，特朗普下令组建美国太空司令部（U. S. Space Command），统一指挥美国太空作战行动。2019 年 2 月，特朗普《太空政策 4 号令》（Space Pollicy Directive 4，SPD – 4）下令美国防部启动组建太空军（组织构架如图 3 – 3 所示），独立成为美国武装力量的第六军种，计划于 2023—2024 年全面运行，并明确了太空军融入现有的军事组织架构的方式。太空系统司令部（Space Systems Command）正在考虑一项名为"商业增强太空储备"的新计划，政府将与商业卫星供应商签署协议，以满足危机期间的紧急需求。太空部队官员表示，商业增强合同是越来越受关注的领域，特别是俄乌战争中商业卫星发挥核心作用之后。特朗普政府时期一系列针对太空的行动都在为美国军事方面寻求重要增长点，以获得除海、陆、空及海军陆战队常规军事力量以外的第四空间优势。

综上所述，美国卫星产业大致经历了由完全军用化向民用化和商业化用途转变的过程；也经历了由军备竞赛时期的不理性发展到和平发展卫星产业的转变过程。但在世界政治与经济秩序面临重新定义的背景下，美国意图在太空放置武器等系列行动值得持续关注。

---

① Leonard David，Playing the Space Trump Card：Rdlaunching a National Space Council（2016 – 12 – 29）［2019 – 03 – 15］，http：//www. space. com/35163-trump-administration-national-space-council. html.

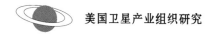

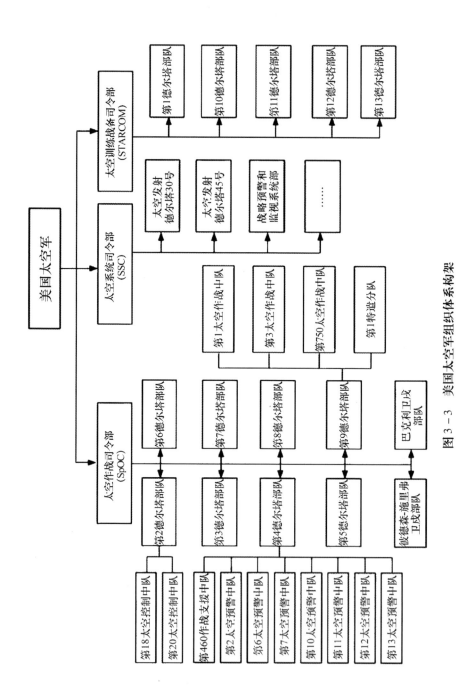

图 3 - 3　美国太空军组织体系构架

第三节 美国卫星产业的现状及组织特点

一 美国卫星产业现状

第一，美国卫星产业以雄厚的航天实力为基础。美国卫星产业作为航天产业的重要部分，其产业发展历史悠久、基础实力雄厚，美国航天产业的竞争力指数堪居全球首位，航天产业的雄厚实力为卫星产业蓬勃发展提供了坚实的基础。从国际航天竞争力上看，根据美国富创公司（Futron）2014年度发布的《航天竞争力指数（SCI）》统计，世界各国的 SCI 呈现出四个明显的梯队。① 美国依然在航天领域居首位，竞争力指数显著高于同处第一梯队的欧洲及俄罗斯，但竞争力指数呈逐年下降趋势（见表 3 - 2）。时任美国航天工业协会（AIA）总裁兼首席执行官大卫·梅尔彻认为从互联网通信、遥感卫星服务、太空运输到太空制造，新的市场正在兴起，美国绝不能被抛在后面。在这场太空的争夺战中，美国要保持世界领先，在激烈的竞争中保持优势地位。时任主席兼首席执行官埃里克·范宁（Eric Fanning）②认为，研发支撑了当今航空航天和国防（A&D）领域的复兴，如果没有国会的修正，美国将在与中国日益激烈的竞争中失利。③ 美国卫星产业综合实力最强。而在美国卫星产业内部，经过近百年的竞争和发展，逐渐形成了以波音公司、洛克希德·

---

① Futron，Space Competitiveness Index，http：//fortune. com/data-store/.

② 埃里克·范宁（Eric Fanning）是航空航天工业协会（AIA）的总裁兼首席执行官，该协会是航空航天和国防行业的领先组织，拥有近 350 家成员公司。作为 AIA 领导者，范宁制定协会的战略重点，并与成员公司首脑合作制定政策和预算。范宁在担任第 22 任陆军部长后加入 AIA，也曾担任国防部长参谋长、空军代理部长和空军副部长，以及海军副部长。他是唯一一个在三个军事部门和国防部长办公室都担任过高级职务的人。范宁为政府效力超过 25 年，曾在众议院军事委员会工作，曾担任国家安全企业高管战略发展高级副总裁，以及防止大规模武器委员会副主任（Destruction Proliferation and Terrorism），也曾任白宫政治事务副主任。范宁曾多次收到褒奖，包括国防部杰出公共服务奖章（两次授予）、陆军部杰出平民服务勋章、海军部杰出公共服务奖（两次授予）和空军杰出公共服务部特殊平民服务奖和勋章。

③ Aerospace IndustriesAssociation，ICYMI：AIA's Fanning Talks R&D with Fox News' Bret Baier，Dec 5，2022，https：//www. aia-aerospace. org/news/icymi-aias-fanning-talks-rd-with-fox-news-bret-baier/［2022 - 12 - 5］.

马丁公司等为代表的航天巨擘，也有 SpaceX、蓝色起源等商业领军卫星企业。雄厚的基础使得美国有资本利用自身技术优势开展航天外交，通过技术援助、资金援助等手段逐步与卫星技术相对落后国缔结盟约，使其成为美国的战略伙伴。

表 3－2　　　　　　　全球航天竞争力指数变化趋势统计

2014 年排名	国家	2008	2009	2010	2011	2012	2013	2014	梯队
1	美国	95.31	94.33	92.49	91.78	91.36	91.09	90.60	第一梯队
2	欧洲	50.18	48.81	50.39	49.15	50.36	49.30	50.34	
3	俄罗斯	36.34	34.29	37.99	39.55	39.29	40.55	43.76	
4	中国	18.14	19.35	19.11	23.00	25.66	25.14	24.39	第二梯队
5	日本	14.89	21.57	19.68	21.15	20.07	22.06	21.45	
6	印度	17.59	15.30	18.07	18.69	19.49	20.33	20.49	
7	加拿大	17.64	18.66	18.33	16.09	15.11	15.85	16.75	第三梯队
8	韩国	9.81	12.73	9.10	9.42	9.03	9.57	10.80	
9	以色列	8.52	8.81	8.87	8.52	9.02	10.03	10.30	
10	澳大利亚	—	—	—	—	8.42	8.42	7.73	
11	巴　西	5.04	7.14	7.37	7.73	7.26	7.71	7.42	第四梯队
12	乌克兰	—	—	—	—	6.07	5.96	6.05	
13	阿根廷	—	—	—	—	6.29	6.46	5.87	
14	伊朗	—	—	—	—	3.52	4.79	4.46	
15	南非	—	—	—	—	3.24	3.17	3.50	

资料来源：成振龙：《富创公司发布〈2014 年全球航天竞争力指数〉报告》，《卫星应用》2014 年第 8 期。

第二，美国卫星产业的发展速度快。2016 年，全球航天商业市场收入约为 2528.8 亿美元，在全球航天产业收入中的占比约为 77%。美国在全球商业航天发射市场占据最大份额，增长至 52%，欧洲次之（为 38%），俄罗斯列第 3 位（为 10%）。①在 2017 全年运载火箭发射中，凭

① Space Foundtion, The Space Report 2017, https：//www.thespacereport.org/resources/economy/annual-economy-overviews.

借太空探索技术公司（SpaceX）18次发射的强势表现，美国全年发射次数达到30次，发射航天器数量达152个，发射次数和发射航天器数量继续双双位居全球榜首；俄罗斯居第二位，发射次数为21次，发射航天器116个；中国居第三位，发射18次，发射航天器34个。仅仅过了四年，全球发射数据发生了巨大变化：在2021年全年运载火箭发射中，美国全年发射量呈现快速增长，发射51次，入轨航天器达1322个，发射航天器数量仍然高居全球榜首，同时入轨的航天器数量接近四年前的9倍；俄罗斯全年发射次数为25次，发射入轨航天器达340个；中国发射次数超过美国，达55次，发射入轨航天器111个。美国入轨航天器数量的迅猛发展，主要是由于私营卫星企业SpaceX继续推动"星链"（Starlink）星座，部署了数量庞大的卫星。

第三，美国卫星产业的商业化程度高。产业市场中虽然存在垄断寡头，但竭力强化竞争机制，激励市场竞争行为。政府在美国卫星产业商业化发展中作用显著。受自由经济主义影响，政府在卫星产业发展中逐渐摒弃直接参与管理的模式，但是，美国政府除在安全方面进行干预外，还在投入资金与技术及商业化政策方面等竭力扶持产业发展。

私营卫星企业在政府优惠政策下，能够获得军方部分技术转移的成果。因卫星产品的技术研发又具有投入大、耗时长的特点，此举可以使企业快速拥有核心技术并在此基础上继续研发。政府允许私营企业有偿利用政府已建成的基础设施，因卫星产业对基础设施的资金投入需求量巨大，此举可避免政府与私营部门的重复建设造成资源的浪费。反观政府部门，可以从大量繁重的任务中解脱出来，有产品需求即可直接采购。

此外，产业市场上的卫星企业数量上升，市场供给增加市场竞争加剧，这样一来，军方采购可选择的空间更加广阔，不再处境尴尬地在价格方面受制于垄断寡头。由此可见，强化竞争机制的商业化发展路径是政府部门与企业的双赢。早在1984年，美国就通过了《商业太空发射法案》，美国卫星产业商业化具有起步早、水平高、程度深、进展快的特征，商业卫星领域的高速发展降低了国家开发成本，提升了产业经济效益、激发了技术创新，是美国卫星产业高质量发展的不竭动力。罗伯特·沃克和彼得·纳瓦罗这两位高级政策顾问概述了特朗普的民用和军用航天政策。强调公私伙伴关系的重要性，"公私伙伴关系应成为我们航天发展的基础。这种伙伴关系不仅提供了降低成本的好处，而且提供了官僚结构和法规之外的思考。"①

第四，美国卫星产业军民融合式发展。美国太空司令部（U. S. Space Command）司令詹姆斯·迪金森（James Dickinson）将军鼓励军队与能够展示快速周转操作的商业发射公司合作，这一概念被称为战术响应空间（Tactically Responsive Space）。迪金森在 2022 年 11 月的米切尔研究所在线活动中强调，美国需要商业任务合作伙伴来建立补充军事太空资产的能力。美国太空部队 2021 年启动了一项计划来展示响应式发射能力，并授予部分公司合同。迪金森认为，美国军方应该利用更灵活、商业上可用的发射选项和可以在多个地点运行的运载工具。鉴于"对手"反卫星武器的最新进步，在冲突期间可能需要响应式发射以扩大星座或更换损坏的卫星。美国太空司令部要为"动态太空行动"做准备，包括快速软件更新、某种类型的响应式发射和机动能力等，提高应对威胁的能力。正如商业发射领域那样，能够快速准备火箭和有效载荷并立即进行发射周转，拥有快速补充资产的能力，能在军事冲突中威慑对手。迪金森告诫说，美国的太空战军事学说还处于起步阶段，美国和盟国需要做更多的工作，以为太空作战设计动态战术技术和程序。

例如，美国政府在为对地观测图像提供稳定的长期资金和合同方面起到了重要作用，并扩展了与商业合成孔径雷达（SAR）图像提供商的关系，为 SAR 数据、产品和服务提供更有前景的市场。在此之前，美国政府在使用天基通信服务方面进行了数十年的类似活动。美国政府也为全球定位系统（GPS）卫星星座提供和支持，既保障了美国的安全需要又满足了私营卫星企业利益。政府对 GPS 的支持对扩大经济增长产生了巨大影响，并为急救人员和关键商业行业（如商业航空和军事应用）提

---

① Doug Messier, Trump Promises Rdvamped Civil&Military Policy, Downgraded Earth Science Program, （2016 – 12 – 9）［2019 – 03 – 15］, http：//www. parabolicarc. com/2016/11/09/trump-promises-revamped-civil-military-space-policy-downgraded-earth-science-program/.

供了关键的安全能力。

二　美国卫星产业组织特点

美国卫星产业总收入在近 20 年中始终列首位并保持持续增长，可见，美国卫星产业的全球领先地位稳固。这主要是因为政府机构及行业组织是推动美国卫星产业组织核心要素转变的力量。美国卫星产业中市场结构、市场行为与市场绩效三者之间的关系，随国家政治、经济环境的发展变化和产业理论的创新发生改变。

一方面，政府各部门是推动核心要素转变的主要力量。美国卫星产业的管理组织体系按照职能和权限从高到低大致分为顶层决策、计划管理与实施三个层次：第一，最高决策层包括总统和国会，这是美国航天体制所独有的双峰结构①。美国总统的管辖权主要包括对人、对财和对政策三个方面。总统具有任命国防部（DOD）部长和美国国家航空航天局（NASA）局长等权限、利用年度预算控制国家航天机构运转情况、决策和审议国家太空发展战略等；国会是立法机关，是卫星产业相关法律法规的颁布机构。主要通过对政府的监督、控制住"钱袋子"来影响卫星产业相关政策。第二，从计划管理层上看，美国国防部和美国国家航空航天局（NASA）是卫星产业的主要领导与组织机构。①国防部（DOD）主要从事涉及国家安全的与军事用途有关的卫星研究和管理工作。国防部包括国防部长办公室、陆军部、海军部、空军部及参谋长联席会议五大部门，2019 年 2 月，特朗普下令（SPD－4）国防部启动组建太空军为独立军种，成为美国的第六军种，与陆军、海军、空军、海军陆战队及海岸警卫队并驾齐驱；②NASA 主要从事与民（商）用卫星有关的研究和管理工作。NASA 创立于 1958 年（艾森豪威尔任期内），发展至今已由分布在各州的 20 余个中心和部门组成，如：喷气推进实验室（JPL）、约翰逊航天中心、肯尼迪航天中心等；③从"休眠"中被特朗普再次唤醒的"国家太空委员会"（National Space Council, NSC）由总

---

① 段锋：《美国国家安全航天体制》，中国宇航出版社 2018 年版，第 85 页。

统直接领导，由时任副总统的彭斯担任委员会主席。负责就国家太空政策和战略向总统提出建议，谋划和制定美国太空发展目标和途径及在政府机构和各部门之间协调民事与军事太空政策。该部门在冷战时期存在过，后特朗普在 2017 年 6 月重新设立，拜登政府掌权后，2021 年 5 月，任命副总统哈里斯担任美国国家太空委员会主席，保留了这一机构。④其他各政府部门拥有各自分管的领域，主要实施民用和商用空间活动，如商务部（DOC）下辖的国家海洋和大气管理局（NOAA）主要负责私营遥感卫星运营许可的颁发、美国运输部（DOT）下辖的美国联邦航空局商业航天运输办公室（FAA/AST）负责商业空间发射许可的颁发、只对国会负责的联邦通讯委员会（FCC）主管商业通信卫星业务许可、内政部（DOI）下辖的美国地质调查局（USGS）负责为政府收集卫星观测数据、国防部（DOD）下辖的国家地理太空情报局（NGA）主管地理太空情报工作等。第三，从实施层上看，美国卫星产业中的私营企业、项目承包商及科研机构与实验室是实现技术转化、落实政策的项目具体操作的执行与实施层（见图 3 - 4）。由此可见，美国已经形成完备的卫星产业管理体系，涵盖了从研发到生产的军用、民（商）用卫星技术及产品管理制度。

其中，美国国家航空航天局在美国卫星产业发展的作用是不容忽视的，美国国家航空航天局（National Aeronautics and Space Administration，NASA），又称美国宇航局、美国太空总署，是美国联邦政府的一个行政性科研机构，负责制定、实施美国的太空计划，并开展航空科学暨太空科学的研究（组织结构如图 3 - 5）。始建于 1958 年 7 月，自艾森豪威尔总统签署了《美国公共法案 85—568》（United States Public Law 85 - 568，即《美国国家航空暨太空法案》）而诞生。NASA 是世界上比较权威的航空航天科研机构之一，自成立以来就在美国航天活动中扮演着重要角色，是美国的民用太空计划的领导者，与许多国内及国际上的科研机构分享其研究数据，承担着美国主要航天器、空间站、航天飞机，以及各类太空探测计划与推进工作等。2021 年 4 月，美国参议院批准前参议员、宇航员比尔·纳尔逊（Bill Nelson）出任美国国家航空航天局（NASA）局

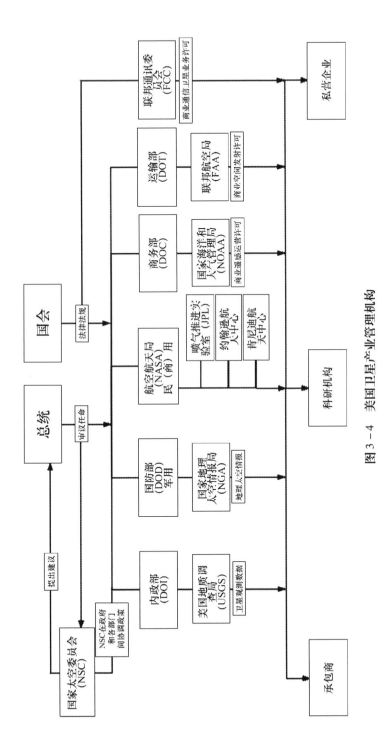

图 3 - 4 美国卫星产业管理机构

资料来源：笔者汇总编制。

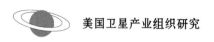

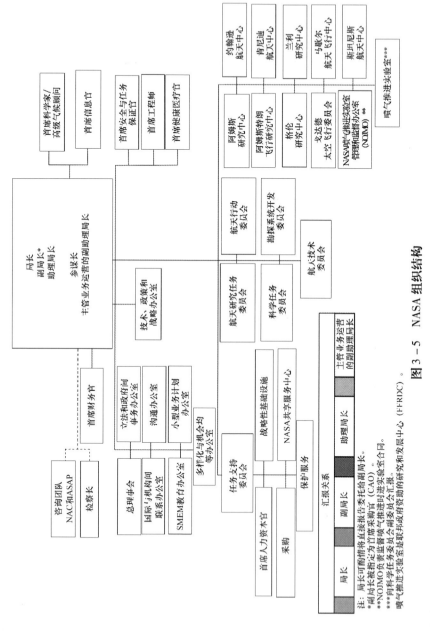

图 3 - 5 NASA 组织结构

注：局长可酌情将直接报告委托给结绩副局长。
*副局长被指定为合同采购官（CAO）。
**NOJMO负责监督喷气推进时进实验室合同。
***向科学任务委员会副委员会汇报。
喷气推进实验室是联邦政府资助的研究和发展中心（FFRDC）。

资料来源：笔者汇总编制。

长。NASA 作为一个集管理、协调、研究等于一体的政府公共职能实体，依靠政府的拨款维系运转。该机构的雇员不仅包括航天员，还包括科学家、工程师、互联网技术专家及其他保障组织正常运行的各类管理人员等。拥有近 18000 名公务员的多元化员工队伍，并与更多的美国承包商、学术界以及国际商业伙伴合作，探索、发现和扩展知识以造福人类。2021 财年的年度预算为 232 亿美元，不到美国联邦预算总额的 0.5%。NASA 在美国支持超过 312000 个工作岗位，产生了超过 643 亿美元的经济总产出（2019 财年）。

　　2022 年 11 月 16 日，美国 NASA 的登月火箭"太空发射系统"（Space Launch System，SLS）携带"猎户座"（Orion）飞船，在肯尼迪航天中心成功发射，执行"阿尔忒弥斯"① 1 号无人实验飞船任务，此前已推迟过两次。深空火箭"太空发射系统"在其首次执行"阿尔忒弥斯"1 号任务时，产生最大 880 万磅的推力，比以往任何火箭都发挥更大的力量。"太空发射系统"采用双固体火箭助推器点火，将 575 万磅重的火箭从佛罗里达州肯尼迪航天中心的发射台发射出去，并将其送入轨道，搭载无人驾驶的猎户座宇宙飞船。为此，在短短八分钟内，"太空发射系统"的 4 个 RS－25 发动机燃烧了 735000 加仑的液体推进剂，产生了 200 万磅的推力，双火箭助推器燃烧了超过 200 万磅的固体推进剂，产生了超过 700 万磅的推力。"太空发射系统"是 NASA 有史以来建造的最强大、最有能力的火箭，它可在太空中更远、更快地执行发射任务。"太空发射系统"以及"猎户座"飞船、月球轨道网关和载人着陆系统是该机构深空探索和"阿尔忒弥斯"月球计划的支柱。"太空发射系统"火箭目前是唯一可以在一次任务中将猎户座、宇航员和物资送上月球的运载火箭，能够向月球发送超过 27 公吨（59000 磅）的重量。随着"太空发射系统"的发展，可能拥有更大的功率，并能够将更重的有效载荷送入轨道。

---

　　① 阿尔忒弥斯（Artemis），又名辛西亚，是古希腊神话中的月亮女神，同时也被称为狩猎女神、战争女神。是宙斯（Zeus）和勒托（Leto）之女，阿波罗（Apollo）的姐姐，奥林匹斯十二主神之一。月球计划以此女神命名很有意趣。

此外，还值得关注的是 2019 年 3 月成立于五角大楼内的太空发展局（Space Development Agency，SDA），该机构旨在帮助加速商业太空技术的使用，但于 2022 年 10 月 1 日正式移交给美国太空部队。国会称由于担心运行太空项目的机构太多，因此，在 2021 年国防授权法案中提出了移交要求。议员们指出，他们支持建立太空军的一个关键原因是为了巩固和简化采办项目的管理。太空发展局隶属于负责研究和工程的国防部副部长办公室，该机构将向太空部队太空作战主管报告所有其他事务。太空发展局推动五角大楼从传统的大型地球同步卫星转向近地轨道星座，依托商业创新，建造低轨道星座更便宜、更快捷。事实上，太空发展局一开始遭到了空军领导人的反对和国会的质疑，有人猜测该机构将不复存在，但该机构顽强保留了下来，并获得了国会的大力支持。尽管其规模相对较小，只有不到 200 人，但它在军事采购领域产生了巨大的影响，因为它采用了非传统的方式，按照固定价格合同购买卫星，并制定了远大目标和雄心勃勃的时间表。太空发展局负责采办事务的新首脑弗兰克·卡维利，在 2022 年 10 月的一份声明中称，太空发展局将是迅速向作战人员提供太空能力的关键。太空发展局的低地球轨道星座模型将被其他太空部队项目所采用。

另一方面，行业协会是推动核心要素转变的力量补充。美国卫星产业协会（Satellite Industry Association，SIA）是一家总部位于美国华盛顿特区的贸易协会，代表美国领先的卫星运营商、服务提供商、制造商、发射服务提供商和地面设备供应商的统一声音。自 1995 年成立以来，美国卫星产业协会一直代表美国商业卫星行业对影响卫星业务的政策、监管和立法问题进行宣传。协会通过倡导、鼓励投资和采用基于卫星技术和服务的法规、政策和实践来促进美国卫星产业发展。该组织是华盛顿特区公认的美国卫星产业焦点所在，在美国国会、白宫、联邦通信委员会和大多数行政部门和机构中代表和倡导行业立场。美国卫星产业协会有许多活跃的工作组，包括：监管工作组（RWG）、政府工作组（GWG）、立法工作组（LWG）、出口管制工作组（EWG）、地球观测论坛（EOF）、空间安全工作组（SSWG）以及公关和媒体工作组（PRWG）。

在政府与行业组织的共同努力下,产业组织核心要素发生了转变。由冷战时期政府调控市场结构为核心,变为恢复正常政治与经济秩序后以市场行为为核心。在此过程中,政府发挥了重要作用,使得美国卫星产业能够在国家安全框架内积极发挥市场机制作用,既保障国防与安全又保障市场的竞争活力。在冷战时期,美国为与苏联展开军备竞赛,在卫星技术甚至是反卫星武器方面投入了大量精力和费用,这种不符合市场规律的过度开发行为目的是维护"国家威信",其政治效益高于实际可得的经济效益。而在冷战结束以后,美国从紧张的国际关系中解脱出来,卫星产业得以恢复常规发展。尽管美国政府对卫星产业投资额度大幅减少,但是其投资额在全球仍然处于领先位置。此外,政府通过"去型号化"使卫星产品能够军民通用,通过颁布法令与政策逐步放权,激励各部门有产品需求应尽量从私营卫星企业采购,积极发挥引导作用。长期受自由经济主义理论的影响,美国拥有完善的市场机制和相对成熟的卫星产品市场,再加上政府更加倾向于从商业渠道采购私营企业的卫星产品这一重要因素,美国卫星产业逐渐从以市场结构为核心要素变化为以市场行为为核心要素。

第四节 本章小结

本章首先从美国卫星产业的概念及分类入手,阐述了美国对卫星产业的界定及不同分类下,美国卫星产业的基本情况。卫星产业是航天产业的重要组成部分,全球卫星产业收入占航天产业的76.82%。美国卫星产业界定为:利用火箭发动机推进的跨大气层围绕一颗行星轨道并按闭合轨道做周期性运行的人造天体及其运载测控设备的制造、服务领域的企业集合。具体包括:卫星制造业、发射服务业、卫星地面设备制造业及卫星运营服务业,每一类细分产业中都包涵着若干个子目。

其次,分阶段概括了美国卫星产业的发展历程。大致可分为准备期、高速发展期与平稳发展的转型期三个阶段。准备期火箭技术的进步为卫星产业发展提供了可能;冷战时期,卫星产业的军事化用途为其急速发

美国卫星产业组织研究

展提供了历史条件，使美国成为头号航天强国，为和平时期卫星产业的平稳发展和商业化进程奠定了经济与技术基础；美国作为卫星产业商业化先驱，在保障国家安全的框架内最大限度利用市场机制的活力，鼓励私营企业进入行业发展并获得了巨大经济利益。卫星产业每一阶段的发展都与时代背景密切联系，各有其特点。

最后，归纳了美国卫星产业的现状及组织特点。美国卫星产业具有综合实力强、政府在产业发展中作用显著及产业回报率高的现状特点。政府机构及行业组织是推动美国卫星产业组织核心要素转变的力量。美国卫星产业中市场结构、市场行为与市场绩效三者之间的关系，随国家政治、经济环境的发展变化和产业理论的创新发生改变。一方面，政府各部门是推动核心要素转变的主要力量；另一方面，行业协会是推动核心要素转变的力量补充。

第四章 美国卫星产业市场结构分析

美国经济学家肯尼斯·克拉克森（Kenneth W. Clarkson）认为，市场结构是影响竞争过程性质的市场属性，包括企业的规模及规模的分布、壁垒和进入条件、产品差异化以及企业成本结构和政府管制的程度。美国卫星产业的市场结构实质上是研究美国卫星企业之间的市场关系具备的特点以及形式。决定美国卫星产业市场结构的要素主要有：美国卫星产业的市场集中度、卫星产品的差异化、卫星产业市场的进入和退出壁垒等。

第一节 美国卫星产业市场集中度

一 卫星产品与服务的属性特征

产品的属性是影响市场结构特征的一个重要因素。由于卫星产业既有维护国家安全的军事用途又有需要依靠市场制度激发内在活力的商业用途，因而卫星产业的产品兼具公共物品与私人物品的双重属性。用于保卫国家安全的军用卫星产品有明显的非竞争性和非排他性特征，因此具有公共物品的属性，一般由政府投资生产，但随着商业化发展部分可向私营卫星企业采购。民（商）用卫星的目的主要是促进基础科学研究，改善公共服务，解决环境问题等，因此民（商）用卫星产品主要与资源勘探、气象观测、卫星导航、科学试验和太空探索等活动相关。以营利为主要目的，且具有一定的私人物品的属性。从美国卫星产业产品的结构上来看，近年来，美国军用卫星产品所占的比率不断下降，而民用和商业卫星产品的比率不断攀升。2018 年 11 月，美国民用卫星与商用卫星数量占美国在轨卫星总量的 60.6%，远高于全球占比的 50.8%，截至 2022 年 5 月 1 日，美国民用卫星与商用卫星数量（3009 颗，其中民用 28 颗，商用 2981 颗）已达到美国在轨卫星总数量（3415 颗）的 88.1%。由此可见，美国卫星产业的商业化发展速度快、程度高。

二　市场集中度的含义及衡量指标

分析市场结构的计量指标有市场集中度指标、勒纳指标（Lerner Index）等，本书选择较为常用的市场集中度指标。市场集中度是反映特定市场相对规模结构的指标，研究美国卫星产业的市场集中度主要是计算反映美国卫星产业市场集中程度的相关指标。市场集中度与市场中垄断势力的强弱有十分紧密的联系，因此，在对美国卫星产业进行研究时将市场集中度作为优先考察的首要指标。虽然市场集中度也可分为买方与卖方，但是，美国卫星产业不属于买方集中的产业，因此，应当测算其卖方集中度。选取绝对法与相对法都可以用来衡量市场集中度的高低。绝对法包括绝对集中度指数和赫芬达尔·赫希曼指数（HHI）。绝对集中度指数指的是计算出行业内前若干名企业的市场份额，可以采用利润或产值等财务指标，用前若干名的指标总额除以整个行业该项指标的总额。通过这个份额可以判断前若干名企业对市场的控制程度，一般常用的绝对集中度指数有 CR_4 或者 CR_8。赫芬达尔·赫希曼指数是将产业内每一企业市场份额的平方和扩大一万倍计算得出。相对集中度是反映行业内企业规模分布的集中度指标，主要用洛伦茨曲线（Lorenz Curve）和基尼系数（Gini Coefficient）表示。本书考虑到美国卫星产业数据的可得性与测算的实用性，选择计算美国卫星产业的市场集中度 CR_8 指标来判断其市场结构的特征。根据经济学原理，市场结构可以划分为四种基本类型，即完全竞争型、垄断竞争型、寡头垄断型、完全垄断型，但这种分类方法运用在对具体产业进行市场结构分析时缺乏可操作性。在实践中，产业经济学家以实证分析为基础提出了便于操作的分析方法。中国学者魏后凯采用日本学者植草益和日本公正交易委员会的分类标准，根据 CR_8

和 HHI 这两个指标将市场结构分成六种类型，来反映各市场类型 CR_8 和 HHI 对应的数值分布区间（见表 4 - 1）。

表 4 - 1　　　　　　　　市场集中度指数与市场结构分类

市场结构类型	CR_8（％）	HHI
A. 高寡占型	$90 \leqslant CR_8$	$1800 \leqslant HHI$
B. 一般寡占型	$75 \leqslant CR_8 < 90$	$1000 \leqslant HHI < 1800$
C. 低集中度竞争型	$55 \leqslant CR_8 < 75$	$500 \leqslant HHI < 1000$
D. 分散竞争性	$40 \leqslant CR_8 < 55$	$200 \leqslant HHI < 500$
E. 高度分散性	$25 \leqslant CR_8 < 40$	$100 \leqslant HHI < 200$
F. 极端分散型	$25 > CR_8$	$100 > HHI$

资料来源：魏后凯：《市场竞争、经济绩效与产业集中——对改革开放以来中国制造业集中的实证研究》，博士学位论文，中国社会科学院研究生院，2001 年。

三　美国卫星产业市场集中度的测算

由于自 2017 年后，美国卫星产业协会发布的《卫星产业报告》不再对外公布美国卫星产业收入及产业细分情况（公布上一年度统计数据），因此，为了使得衡量集中度指标与后文绩效指标相匹配，所选取的数据时间段截至 2016 年。

用 CR_8 来测算市场集中度（或产业集中度，Concentration Ratio）需要计算出美国卫星产业中排名前八位企业的产值，除以美国卫星产业的总产值计算出前八位企业所占的市场份额。通常根据计算后数值进行判断，CR_8 指标越高表示市场集中度越高，这说明少数企业在市场当中所占的份额比例过大，市场的垄断势力越强而市场竞争程度越低；反之，CR_8 指标越低表示市场集中度越低，这说明少数企业在市场当中所占的份额比例不大，市场的垄断势力越弱而市场竞争程度越强。其计算公式表示为：

$$CR_n = \frac{\sum_{i=1}^{n} X_i}{\sum_{i=1}^{N} X_i}$$

其中，N 为市场企业总数，该指标集中反映了市场中最大的若干家企业的状况。尹常琦（2009）用 CR_8 和 HHI 指标进行定量衡量。根据美国销售收入排名前八位的航天公司销售收入，计算得出 2007 年美国航天产业的 CR_8 和 HHI 值，其中 $CR_8 = 61.16\%$、HHI = 797。根据表 4 - 1 中的标准判断，美国航天产业的市场结构属于低集中度竞争型。[①] 沈汝源（2015）运用上述的分类标准，根据世界主要航天公司（前 50 家）的销售额，从全球市场的角度，计算了 2011 年世界航天产业的 CR_8 和 HHI 值，其中 $CR_8 = 76.82\%$、HHI = 1017.6。这个数值表明，从全球航天市场看该产业的市场结构属于一般寡占型。[②] 计算结果表明，美国航天产业中存在较强的垄断势力，市场的竞争性较弱。这个计算结果与美国相关部门统计结果相符。据统计，美国国家航空航天局（NASA）的承包商虽然有几百家，但 90% 以上的合同集中在仅有的 50 家私营企业手中。由此可见，美国航天市场大环境与汽车、电子类相比市场集中程度较高，但相对于其他具有航天能力的国家，其市场集中度测算结果表现更优。

根据美国财富（Fortune）公司最新版对航天与防务类目的排名，占据前 8 位的企业及其航天收入见表 4 - 2 所示。销售收入前八位企业在近 10 年中排名无明显变化，其中德事隆、Arconic 所涉及航天业务量已相对较少。因此，在计算各航天企业的卫星领域营业收入时采取折中办法进行估算。通过美国证券交易委员会官方网站查询各上市公司年度财务报表最新版（2019 年 2 月发布数据），可以得到 2016 年美国排名前 8 位企业的航天收入并计算收入总额，为 1125.09 亿美元。

表 4 - 2　美国财富公司航天与防务类企业排名及营业收入情况

（单位：百万美元）

序号	公司名称	2016 年营业收入	2016 年航天收入
1	波音（Boeing）	93496	20180

---

① 尹常琦：《美国航天产业市场结构与绩效研究》，硕士学位论文，南京航空航天大学，2009 年。

② 沈汝源：《美国航天产业发展研究》，博士学位论文，吉林大学，2015 年。

序号	公司名称	2016 年营业收入	2016 年航天收入
2	联合技术公司（United Technologies）	57244	28622
3	洛克希德 - 马丁（Lockheed Martin）	47290	26906
4	通用动力（General Dynamics）	30561	7815
5	美国诺斯罗普·格鲁曼公司（Northrop Grumman）	24706	10853
6	雷神公司（Raytheon）	24124	6182
7	德事隆公司（Textron）	13788	6651
8	Arconic 公司（Arconic）	12395	5300
	合计	303604	112509

数据来源：企业排名源自财富公司官网，http：//www.fortunechina.com/fortune500/c/2018-05/21/content_307222.htm；各公司财报源于美国证券交易委员会官网，https：//www.sec.gov/。

根据美国卫星产业协会（SIA）统计数据显示，2012—2016 年，全球航天产业及卫星产业收入变化情况见表 4 - 3 所示。

表 4 - 3　　　　　　**全球航天产业及卫星产业收入变化**

年份	全球航天产业收入 （亿美元）	全球卫星产业收入 （亿美元）	卫星产业收入占比（％）
2012	3040	1895	62.34
2013	3200	1952	61.00
2014	3227	2030	62.91
2015	3353	2083	62.12
2016	3391	2605	76.82

数据来源：根据美国卫星产业协会公开数据计算得出。

由于卫星产业属于航天产业的一部分，许多企业并未将卫星类产品的相关收入数据单独列示，因此只能对卫星领域收入按照比例进行估算。如洛克希德·马丁公司在 2016 年的航天收入为 269.06 亿美元，该公司的主要业务有卫星制造和发射、火箭制造、地面设备、导弹等，无法单独确认其卫星领域的收入数据。2016 年，全球航天产业收入为 3391 亿美元，全球卫星产业收入为 2605 亿美元。[①] 经计算可知，全球卫星产业收入占航天产业收入的 76.82%。由此比例可估算 2016 年美国排名前 8 位企业的卫星领域收入约为 864.2941 亿美元（1125.09 × 76.82%）；而 2016 年美国卫星产业收入总额为 1103 亿美元。因此美国卫星产业绝对集中度 $CR_8 = 864.2941/1103 = 78.36\%$，根据前述市场集中度指数与市场结构分类表 4 - 1 可知，美国卫星产业应当属于 B 类即一般寡占型。

第二节　美国卫星产业的进入和退出壁垒

一　进入与退出壁垒的含义

进入壁垒（Barriers to Entry）是与潜在进入者相比，美国卫星产业市场中已经存在的企业所享受的优势。这种优势是通过已经存在的卫星企业可以长久维持高于竞争水平的价格却未导致新企业进入的情况反映出来的。[②] 从另一个角度看，美国卫星产业的进入壁垒是潜在进入企业与在位企业竞争过程中可能遇到的不利因素。进入壁垒对美国卫星产业的竞争优劣程度以及市场绩效的高低有直接影响，它是美国卫星产业重要的结构特征。进入壁垒按照产生的影响因素不同可分为两大类：第一类是结构性进入壁垒；第二类是策略性进入壁垒。结构性进入壁垒是指当企业试图进入某产业时所遇到的无法克服的技术或经济障碍，这种障碍是企业自身无法支配的、外生的，是由自身产品技术特点、自然环境资源、社会法律制度以及政府行为所形成的进入壁垒；[③] 策略性进入壁垒是在位企业为持续获得垄断利润，利用在位优势进行的一系列有意识

① SIA, State of the Satellite Industry Report 2017, https://www.sia.org/news-resources/.
② ［美］施蒂格勒：《产业组织和政府管制》，潘振民译，上海人民出版社 1996 年版，第 30—80 页。
③ 苏东水：《产业经济学》，高等教育出版社 2015 年版，第 107—108 页。

的策略行为以构筑潜在者的壁垒。① 退出壁垒是指美国卫星企业在退出该产业市场时所受到的来自于企业内、外部的阻碍，这种阻碍越高对新企业进入市场动机的抑制性就越强烈。

进入壁垒较高的结果会提高卫星产业市场集中度，从而维持或强化在位卫星企业的市场势力结构性进入壁垒，具有保护卫星产业内已有企业的作用，也是潜在进入者成为进入者时必须首先克服的困难。美国卫星产业进入壁垒是非常高的，要想在美国卫星产业竞争中获得优势，必须采取高度差异化的市场行为、获得绝对成本优势等才有可能成功。从总体上看，美国卫星产业的进入壁垒属于第一类，主要产生于结构性因素。除美国政府的产业准入许可外，进入壁垒的构成因素主要有：规模经济形成的进入壁垒、产品差异化形成的进入壁垒、绝对成本优势形成的进入壁垒和政策法律制度形成的壁垒等。② 规模经济的限制是形成美国卫星产业进入壁垒的第一个因素：对于美国卫星产业而言，卫星产业的市场容量在社会总收入与需求结构不变的条件下是有限的，新企业进入卫星产业必然加剧市场竞争而造成供给增加、价格下跌。反观原有的卫星企业，必然会采取调整价格、技术垄断、控制资源等方式，提高进入"门槛"，阻止新企业以最佳规模进入卫星产业市场。产品差异化是形成美国卫星产业进入壁垒的第二个因素：卫星产业内部已经存在的企业与新进卫星企业相比，拥有显著的产品差异化优势。由于已经存在于市场中的卫星企业在产品设计、产品结构以及实现功能等方面的特征已被市场所熟知，因此，客户对已存在于市场的现有企业的产品偏好程度更高。绝对成本优势是美国卫星产业形成进入壁垒的第三个因素：在位企业具有采购规模、生产规模方面优势，在原材料的采购成本及制造成本方面远低于新进入企业，利润空间大。在科技创新提高生产效率降低成本方面也更具有资本条件和人才优势。政府管制造成的行

① 吴照云：《中国航天产业市场运行机制研究》，经济管理出版社 2003 年版，第 50—60 页。

② ［美］乔·贝恩：《新竞争者的壁垒》，徐国兴译，人民出版社 2012 年版，第 49—138 页。

政壁垒是美国卫星产业形成壁垒的第四个因素：各地区从本地区利益出发，主观上故意保护已存在的现有企业，从而设置各类限制进入的政策，如颁发许可、行政审批等，人为限制了资本以内部发展方式向新企业合理流动。

二 规模经济形成的进入壁垒

根据规模经济的规律，新进入卫星产业市场的私营企业只有在拥有了一定市场份额之后才能获得生产和销售的规模效益。在此之前，新企业的生产和销售成本一定高于已存在的现有企业，从而处于竞争劣势。新企业为获得规模经济效益也可能试图以最小有效规模进入市场，但是此举会引起行业总供给量的大大增加，从而导致产品市场价格下跌，与单位成本相较可能会得不偿失。美国卫星产业由于历史性因素及其产业特殊性拥有老牌产业巨擎，如洛克希德·马丁、波音公司等，使得新企业进入该产业的门槛较一般产业要求更高。此外，一般情况下，技术密集型产业（如卫星产业）的高资本投入特征导致卫星产业的最小有效规模也是非常大的。最小有效规模（MES，Minimum Efficient Scale）是指使企业的平均成本达到最低水平时所要求的资本规模。美国卫星产业达到最小有效规模所需的必要资本量是非常高的，进而由规模经济形成了卫星产业的高进入壁垒。

美国卫星产业的特点主要是人力资本和物质资本投入高，该产业对于各种先进科学技术和大量高性能金属材料的应用非常广泛，经常使用高精度电子元器件和仪表等价值量较高的辅助器械。卫星的研发周期长、风险大，这些因素决定了卫星产业经济活动的高投入性，从而推高美国卫星产业达到最小有效规模所需的必要资本量要求，进而构筑起高的行业进入壁垒。比如2002年6月新成立的美国太空探索技术公司（SpaceX）面对美国航天巨头企业的产业进入过程便是如此。在投入资本方面，SpaceX公司获得的投资包括创始人埃隆·马斯克（Elon Musk）于2006年投入的1亿美元、创始人基金（The Founders Fund）于2008年投入的0.2亿美元以及谷歌（Google）于2015年投入的9亿美元等。

2017 年，SpaceX 公司以总造价低著称的可重复利用的"猎鹰－9"火箭问世，但尽管如此，马斯克称在火箭重复使用技术研发上该公司投入已近 10 亿美元，因此发射报价仍需要进一步商榷，以逐步弥补技术研发成本；对于为美国政府提供发射服务的、由美国洛克希德·马丁公司和波音公司合作组建的联合发射联盟（ULA）公司，若使用联合发射联盟公司的火箭，每千克费用仍在 14000—20000 美元。巨大的资本投入金额使得美国卫星产业的最小有效规模比一般产业要高得多，决定了美国卫星产业具有非常高的进入壁垒，而高进入壁垒是美国卫星产业高市场集中度的一个主要原因。

从另一个角度看，市场容量的大小也是美国卫星产业进入壁垒高低的影响因素之一。一般情况下，在存在规模经济时市场容量大则进入壁垒低；市场容量小则进入壁垒高。卫星产业的市场竞争主要在于国际竞争，而卫星产业的国际市场容量在一定时期内是有限的，这就使得美国卫星产业具有较高的进入壁垒。虽然美国卫星产业起步较早，与俄罗斯卫星产业发展各有所长，但近年来，中国、印度等国家在卫星产业发展方面取得了长足进步，使得美国卫星产业的市场空间受到挤压。如 2016 年 8 月，中国成功发射"世界首颗"量子科学实验卫星，使中国成为世界上首次实现卫星和地面之间的量子通信的国家，也成为构建天地一体化的量子保密通信与科学实验体系的先驱；2017 年 2 月，印度以"一箭 104 星"刷新了世界纪录①，2022 年 4 月，在欧洲航天局②与俄罗斯停止航天领域合作的间隙，印度新航天公司接手了欧洲一网公司

---

① 印度以"一箭 104 星"刷新了世界纪录后，美国 SpaceX 公司于 2021 年 1 月发射"一箭 143 星"，打破印度 2017 年记录，2022 年 1 月"一箭 105 星"，2023 年 1 月"一箭 114 星"，多次实现百星以上发射。

② 欧洲航天局（European Space Agency），简称欧空局或 ESA，是一个致力于探索太空的政府间组织，总部设在法国巴黎。1968 年 11 月欧洲空间联合会决议，将欧洲运载火箭开发组织（ELDO）和欧洲空间研究组织（ESRO）合并成为欧洲航天局。1975 年 4 月，欧洲航天局正式成立。目前拥有 22 个成员国，包括法国、德国、英国、意大利、奥地利、比利时、捷克共和国、丹麦、爱沙尼亚、芬兰、波兰、希腊、匈牙利、爱尔兰、卢森堡、荷兰、挪威、葡萄牙、西班牙、罗马尼亚、瑞典和瑞士。

（OneWeb）① 的 36 颗卫星发射订单，原本有接手意向的 SpaceX 公司未能最终签约；2017 年 7 月，俄罗斯也一次发射大量小型卫星，实现了"一箭 73 星"。卫星小型化以及一箭多星技术的发展使得印度与俄罗斯在发射航天器的数量方面直追美国。后发国家卫星产业的快速发展使得市场容量有限的卫星产业市场更加拥挤，推高美国卫星产业的进入壁垒。

三　高技术性构筑产品主体差异形成的进入壁垒

在产品差异化程度较高的产业市场中，产品差别往往是构成进入壁垒的一个重要的因素。以卫星产业为例，已经在产业内存在的企业通过长期产品差异化努力，建立起一定的产品知名度和美誉度，现存企业只需要通过少量投入，就可以维持消费者对本企业卫星产品的忠诚度。但是对新进入的卫星企业而言，为了寻找新客户或争夺现存企业的老客户，通常要付出更大代价获得市场。新企业的这种进入劣势越明显，说明现存企业通过产品差异化构筑的进入壁垒就越高。但是也有例外，例如有些新进入卫星产业市场的私营企业（如 SpaceX 公司）掌握着优于现存企业所提供产品含有的新技术（如火箭回收技术②等），对于此类新企业而言，进入壁垒则低了很多。卫星产业的产品通常是具有很高科学技术含量的，科技的力量在卫星产业领域的重要地位不言而喻。技术创新可以驱动产品主体的差异化，而技术障碍往往是卫星企业之间产品差异化形成的主要原因。例如，遥感卫星数据产品清晰度上的差异，是高技术性构筑的产品主体差异的典型代表。卫星产业具有技术难度大、复杂程度高的特点，从卫星运载工具、运行姿态的保持到回收，都涉及大量复杂技术的运用。美国各卫星企业以技术驱动产品主体差异化为主与同行业竞争者展开市场争夺，同时，也通过技术为潜在进入者设置了进入壁垒。

---

① 一网公司（OneWeb）总部位于伦敦，为世界各地的政府、企业和社区提供高速、低延迟的全球通信网络连接。有 648 颗低地球轨道卫星组成的星座提供支持。2020 年，英国政府宣布斥资 5 亿美元与国际电信运营商 Bharti Global 一起收购了 OneWeb 公司。

② 火箭回收技术其实并非由 SpaceX 公司原创，早年苏联、德国等国家就进行过重复使用技术的试验，该技术在美国航天飞机上得到成功的验证，然而，限于当时的技术条件最终弃用。随着技术的发展与方案的改进，原先难度大的方案逐渐变得可行。

例如，美国地球同步轨道卫星的频段争夺之战：美国铱星通讯公司（Iridium Satellite Communications）已投入建设的第二代星座中，除继承原有 L 频段载荷外，增加了 Ka 频段[①]载荷，用以提供最高 8Mbps 通信速率；近年来，SpaceX 公司的"星链"星座、欧洲的 OneWeb 公司的星座设计多采用 Ku/Ka 频段，通信速率高达 1Gbps，单星容量高达 20Gbps。按照国际电信联盟（International Telecommunication Union，ITU）的频率规则，使用同一频段的卫星通信系统需开展互相协调以避免发生干扰。根据目前市场情况来看，现正在研制的通信卫星星座采用的频率大多已经重叠，而且中低轨通信星座具有的全球动态无缝覆盖特点，导致各个独立的星座之间几乎不存在共用同一段频率资源的可能性。[②] SpaceX 公司的"星链"（Starlink）星座发射了数量庞大的卫星，充分发挥"占频保轨"功能。此举使 SpaceX 公司在将来频率协调中占据了主动地位，对后续潜在进入者使用同频星座的频率协调造成障碍。面对越发紧张的频率资源，加大对颠覆性创新技术的研究，形成产品主体的创新性差异，才能在激烈的市场竞争中取胜。不过，美国卫星产业在位企业的核心技术是企业的财富与机密，新企业很难获得或超越，因而在现有的较高差异化水平市场上很难找到进入产业的通道。

---

① Ka 波段的频率范围为 26.5—40GHz，通常用于卫星通信领域。Ka 波段的重要特点是频带较宽、波长短，因此，Ka 频段的卫星通信系统可为高速卫星通信、千兆比特级宽带数字传输、高清晰度电视（HDTV）、卫星新闻采集（SNG）、VSAT 业务、直接到户（DTH）业务及个人卫星等新业务提供优质条件。Ka 波段卫星通信特别适合宽带数字传输、高速卫星通信等需求，随着微波元器件制造工艺问题的解决和大量新型卫星通信技术的应用，Ka 波段宽带卫星通信逐渐走向大规模产业化应用阶段。世界各国都在争相开发 Ka 频段的通信卫星系统主要有两方面的原因。一是 C 和 Ku 频段的卫星轨位资源紧张，地球赤道上空有限的地球同步卫星轨位几乎已被各国大量卫星占满；另外，这两个频段内的频率资源也被大量使用，这种状态迫使人们寻找、开发更高的载波频率来满足新的通信系统需求。二是 Ka 频段卫星通信优势明显，具体表现在三个方面：其一，Ka 频段工作范围远超过 C 频段（3.95—8.2GHz）和 Ku 频段（12.4—18.0GHz），可以利用的频带更宽，更能适应高清视频等应用的传输需要；其二，由于频率高，卫星天线增益可以提高，用户终端天线可以做得更轻小便捷，这有利于灵活移动和使用；其三，运用多波束技术和相控阵技术，可以让卫星上的天线灵活且低成本的控制波束方向，以满足多点通信和星上交换的应用需求。

② 韩惠鹏：《国外高通量卫星发展综述》，《卫星与网络》2018 年第 8 期。

　　美国卫讯公司（Viasat）抗议联邦通信委员会允许竞争对手 SpaceX 公司在不评估对近地轨道环境影响的情况下，就部署庞大的"星链"星座。像国防部这样的卫星宽带政府用户将受益于利用低、中和地球静止地球轨道卫星的集成架构。激增的低地球轨道星座对军方特别有吸引力，但 Viasat 公司认为，在低地球轨道中持续部署巨型星座，可能会使该空间区域在未来几十年内因拥塞和碎片而无法使用。Viasat 公司高管认为，这种行为是"典型的土地掠夺"，使得后发企业进入产业愈加困难。应当重视在未来能够可持续地获取近地太空资源的行为规范，防止抑制未来发展中的选择。

　　由此可见，美国卫星产业较高的进入壁垒一方面来源于该行业本身的技术特点，另一方面来源于同行业竞争者为保证自身竞争优势而设置的障碍等。这些因素造成潜在进入者欲进入该产业时越发困难，以高技术性造就产品主体差异而形成的较高技术壁垒。将卫星产业的产品定义为高科技的结晶一点也不为过，若不具备可与美国在位卫星企业匹敌的科学技术则不足以应对在位企业产品差异化形成的进入壁垒，想进入美国卫星产业是非常困难的。

四　技术革新创造绝对成本优势形成的进入壁垒

　　绝对成本优势在美国卫星产业中主要表现在特定的产量水平上，已经存在的企业比潜在进入者拥有以更低的成本进行生产的能力。现有企业拥有能够以较低价格获得同质原材料的能力、优先获得高级稀缺资源的能力以及拥有专利保护的优质生产技术能力，是现有企业创造绝对成本优势的主要原因。现有企业的绝对成本优势也就是潜在进入者的竞争劣势。这些因素在美国卫星产业的进入壁垒中都有所体现，但对美国卫星产业而言，绝对成本优势壁垒主要是在位企业通过由其专控的优质生产技术大幅降低制造和发射成本，从而使潜在进入企业处于竞争劣势而获得的。这类专控的优质技术由企业自主创新得出，相较于模仿创新更能使该卫星企业获得高额利润并抢先占领市场。

　　以成立于 2002 年的美国 SpaceX 公司为例，该公司相对于波音公司等老牌航天巨擘是产业的新进入者，但经过二十余年的经营已在美国卫星产业企业中占据有重要地位，SpaceX 成功进入美国卫星产业后为当前欲进入该产业的企业树立了较高门槛。SpaceX 公司以"低成本"著称，主营业务为运载火箭生产并提供发射服务，运载火箭是其主要产品，因此对运载火箭的成本控制是其主要努力方向。运载火箭成本包括研发成本（含试验、测试）、制造成本、发射成本（含保险）。单发火箭成本与单位变动成本和固定成本总额正相关（变动成本指随业务量的变化而成正比例增加变化的成本，如直接材料、计件直接人工成本等；固定成本指在一定的期间和产量范围内，不随业务量增减变化而变化的成本，如大部分的管理费用、资产折旧成本等），与火箭总数量负相关。根据 SpaceX 官方公布的"猎鹰-9"运载火箭发射成本结构（见图 4-1），火箭成本所占比重最高，超过了总成本的一半。在发射运载火箭的单次成本构成中，火箭成本占比最高且是私营火箭公司最重要的可控成本。[1]就现有情况而言，SpaceX 公司已然成为在位企业，主要通过对原材料采购成本的控制与对优质生产技术的专控两种方式，降低运载火箭成本获得绝对成本优势，使得潜在进入者处于相对劣势。

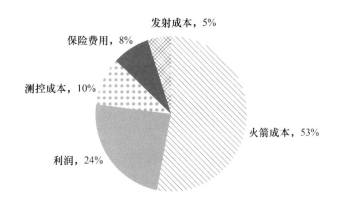

图 4-1 猎鹰-9 火箭发射成本结构

资料来源：笔者根据 SpaceX 官网数据做出。

---

[1] 艾瑞咨询：《2018 年中国商业发射市场研究报告》，https://www.iresearch.com.cn/Detail/report? id=3282&isfree=0。

第一，SpaceX 控制原材料的采购成本和制造成本。一方面，SpaceX公司对原材料进行甄别，根据原材料的重要性不同分类进行处理。对于普通原材料及元器件进行直接采购，其原因是 SpaceX 在火箭设计上采用模块化、通用化设计，此类原材料的供应商众多，形成买方市场，使SpaceX 公司具有较强议价能力，能够从供应商处以优惠的价格获得批量原材料。例如，利用市面上成熟的浴室零件组成飞船的门把手，可节省1470 美元。对于核心硬件（如发动机和箭体结构产品等）及部分单机设备（如电气单机、阀门等）实施自主研发与生产。其原因是发动机和箭体结构产品是运载火箭制造的核心硬件，且供应商数量不多，因此通过自主研发与生产可以将核心技术由本企业控制和掌握，不必担忧供应商造成的价格上涨，有效控制采购成本。如天基测控终端设备，自主研发的成本只占外购产品价格的十分之一；而部分单机设备在运载火箭研制中需求量较小，外购无法获得价格优势，成本明显高于自主研发与制造。因此选择自主研发及制造缩短了供应链，可以减少中间环节以降低采购成本，同时降低外部采购带来的质量风险。另一方面，运载火箭的研发设计、生产制造及发射需要前期大量的基础建设投入，达到预定可使用状态形成固定资产后，需要按一定方式每年计提折旧。基础设施的折旧费是火箭总成本中占比较大的固定费用。这是因为火箭与普通商品不同，其产量不高，难以在费用资本化过程中将费用分摊至大量商品中，因此分摊至单发火箭的费用就比较高。在美国政府的优惠政策支持下，SpaceX 公司只需要向拥有这些基础设施的美国国家航空航天局或美国空军支付比较低廉的租金，就可以使用这些基础设施。这样一来大幅减少了固定费用，使 SpaceX 火箭的价格有较大程度的下降，增加了在市场上的竞争力。并且，SpaceX 推出了"小型卫星拼车"计划（SmallSat Rideshare Program）以弥补投入成本。2020 年 6 月，该公司发射第 9 批 58 颗"星链"卫星，同时第一次尝试"小型卫星拼车"，搭载了 Planet 公司的3 颗遥感卫星。50 千克重量发射到太阳同步轨道的价格为 27.5 万美元，附加质量为 5500 美元/千克。发射中倾角近地轨道（LEO）、地球同步轨道（GTO）和月球轨道（TLI）的费用也是可负担的。

第二，SpaceX 公司拥有专控的优质生产技术。火箭重复使用可以大幅度降低火箭发射成本，并能提高发射频率，SpaceX 公司的这一技术引领了全球运载火箭的发展方向，使同行业各企业也投入火箭重复使用的研究工作中。"猎鹰 – 9"火箭是一种可重复使用的两级火箭，由 SpaceX 公司率先设计和制造，用于将人员和有效载荷可靠、安全地运送到地球轨道及更远的地方。"灰背隼"（梅林，Merlin）发动机最初是为回收和再利用而设计的，是该公司开发的一系列火箭发动机，使用火箭级煤油（RP – 1）和液氧作为气体发生器动力循环中的火箭推进剂，可用于"猎鹰 1"①、"猎鹰 – 9"② 和"猎鹰重型"（Falcon Heavy）③ 运载火箭。"猎鹰 – 9"是轨道级可重复使用火箭，这种可重复使用性使该公司能够重复发射火箭中最昂贵的部件，从而大幅降低进入太空的成本。随着运载火箭技术和卫星技术的革新，美国 SpaceX 公司利用"猎鹰 – 9"火箭不断刷新发射记录，于 2021 年 1 月发射"一箭 143 星"，打破此前印度 2017 年"一箭 104 星"的记录，2022 年 1 月"一箭 105 星"，再次实现百星以上发射，2023 年 1 月 3 日"一箭 114 星"发射成功。

2017 年 SpaceX 连续 17 次成功回收一级箭体，其一级箭体回收技术日臻成熟。经过技术优化与改进，SpaceX 的运载火箭重复使用次数提高至 10 次以上，发射服务费用从 6200 万美元降低至 5000 万美元左右，并有望进一步降低为 3000 万至 4000 万美元，通过重复使用技术避免了造价高昂的箭体结构只使用一次就报废的资源浪费，又可多次分摊火箭的生产成本。SpaceX 公司最新型的"猎鹰 – 9 – 1.2"火箭在具备可重复使

① "猎鹰 1"是 SpaceX 公司猎鹰（Falcon）系列火箭的开端，历经了 3 次发射失败，经过不断的探索调试，终于迎来第一次成功，"猎鹰 1"从而成为第一种由私人建造并成功实现入轨的液体燃料运载火箭。

② "猎鹰 – 9"火箭由 9 台"灰背隼"（Merlin）发动机提供推力，是第一枚实现可控陆地和海上垂直着陆回收的火箭、第一枚实现多次重复使用的火箭，也是首度由私人企业承包探索太空任务的火箭。具有低成本、多发并联、多次使用、垂直回收的设计特点。火箭整流罩由碳复合材料制成，可保护卫星进入轨道。整流罩在飞行约 3 分钟后被丢弃，SpaceX 继续回收整流罩以在未来的任务中重复使用。截止至 2022 年 12 月，"猎鹰 – 9"火箭已经累计发射 186 次，重复飞行 123 次。

③ "猎鹰重型"由三个可重复使用的"猎鹰 – 9"引擎核心组成，其 27 个"灰背隼"（Merlin）发动机在升空时共同产生超过 500 万磅的推力，相当于大约 18 架全功率 747 飞机，低地球轨道（LEO）运载能力可达 53 吨。

用能力的基础上，大大缩短箭体修复时间，提高了火箭运行的周转速度，增加了发射频率。同一枚火箭的周转期从几个月缩短至几周，这可以使 SpaceX 大幅降低单次发射分摊的基础设施投资建设费用、企业经营管理费用及资金成本等。[1] 根据 SpaceX 公司发布的数据，在技术进一步成熟后，仅火箭一子级回收多次重复使用即可降低发射成本的 80%。[2] 不仅依靠自主研发技术，SpaceX 公司也曾通过购买技术来快速获得能力提升。早在 2005 年，就购买过萨瑞卫星技术公司（SSTL）10% 的股份，以便于利用该公司技术。正如老牌航天企业波音公司在 1998 年也曾经引进过英国焊接研究所（Welding Institute）的搅拌摩擦焊接技术。这种对原材料采购成本的控制能力与对优质生产技术的专控能力，使美国卫星产业的潜在进入者受到巨大压力。

实际上，在 SpaceX 公司实现火箭回收之前，蓝色起源公司（Blue Origin）在 2015 年 11 月就成功发射并回收过"新谢泼德"火箭，蓝色起源公司是全球首家取得回收成功的公司。该公司将操作可重用性作为降低空间访问成本的有效途径。"新谢泼德"火箭和"新格伦"火箭的设计从一开始就考虑了可重复使用的问题。该公司称两款火箭的垂直起飞、垂直着陆架构可以使运载火箭的第一级重复使用 25 次，而只需进行简单的翻新即可。由于没有丢弃硬件，因此浪费减少了 25 倍。两种运载火箭都有可节流的液体燃料发动机，可以精确地返回着陆平台。这使得火箭大大提高了利用效率，从而降低成本并增加了客户的实用性。

火箭实验室（Rocket Lab）在成本控制方面则另辟蹊径，2020 年 11 月，该公司在新西兰成功发射"电子"火箭，该火箭的发动机名为卢瑟

---

① 火箭回收方式一般有三种：第一种是降落伞垂直下降方案，即在火箭分离后先进行空中制动变轨进入返回地球大气层的返回轨道，接着在低空采用降落伞减速，最后打开气囊或用缓冲发动机着陆；第二种是动力反推垂直下降方案，其空中变轨制动同第一种一样，但在低空采用发动机反推减速，以垂直下降方式降落地面，美国"猎鹰－9"火箭采用的就是这种方案；第三种是滑翔飞行水平降落方案，即箭体采用翼式飞行体，在变轨制动后，火箭像飞机一样水平降落返回地面。

② 李莲：《基于财务管理视角的 SpaceX 公司火箭低成本分析及启示》，《中国航天》2018 年第 8 期。

福（Rutherford），是利用多项先进技术来提高其性能并降低成本的产物：发动机的泵采用电池供电，而不是在气体发生器上运行的传统涡轮泵；使用3D打印技术使公司能够生产用传统方法难以或不可能制造的部件，而且还可以更快地生产零件，使该公司能够以传统制造技术无法实现的成本和频率生产发动机和部件，使用传统方法需要一个月才能制造出的火箭发动机，能够在三天内完成；为了避免有效载荷处理的复杂化，火箭实验室公司采用集装箱化方法，客户将他们的卫星包装在公司提供的有效载荷整流罩中，可以方便存储并在发射时轻松连接到火箭上。基于以上特殊优势，"电子"运载火箭设计为每周发射一次，每次飞行成本不到500万美元。这些优秀的行业进入者以技术革新创造的绝对成本优势为后来企业进入产业制造了更大难度。

五　美国卫星产业的退出壁垒

退出壁垒（Barriers to Exit）是指美国卫星企业在退出卫星产业市场时所遇到的阻碍。退出时遇到的阻碍越大，私营企业在选择进入行业时的动机就会越弱。卫星产业市场退出壁垒的高低，直接影响到企业是否进入该领域的决策。美国卫星产业中的在位企业存在较高退出壁垒，主要原因有以下两方面：第一，由于美国卫星产业投入的资产专业性较强，其他领域的企业难以应用，所以这些价值高昂的资产很难以企业满意的价格出售，通常其销售价格非常低。正常状态下的资产原值扣除折旧后的价值与较低的销售价格之间的差额就是沉没成本。沉没成本越大，企业退出壁垒就越高。第二，美国卫星产业与一般工业企业不同，在军事与国防领域拥有战略意义。因此，政府出于保持服务的目标，会对于卫星企业加以扶持。通常，如美国卫星产业这类垄断性比较强的产业，拥有较高的进入壁垒，那么其退出壁垒一般来说也较高。

正如美国铱星通讯公司（Iridium Satellite Communications）由于当时卫星通信市场和终端技术不成熟导致经营失败，已于2000年3月宣布破产，以2500万美元的低价卖给了泛美航空公司的总裁丹·科卢西（Dan

Colussy）。虽然"铱星系统"① 在私营市场落败，但是不依靠基站就能实现全球通信的功能得到了美国军方的青睐。铱星公司随即获得了美国国防部为期 5 年、每年 3600 万美元的合同，为 2 万名政府工作人员提供不限时的通信服务。2001 年 3 月铱星就恢复了业务，并于 2001 年 6 月开始提供速度为 2.4kbps 的互联网连接服务。凭借军方支持，铱星公司并未真正退出市场，而是转战军用市场，在"9·11"恐怖袭击、伊拉克战场等地面网络失效的状态下，卫星电话再度焕发光彩。2004 年铱星公司就扭亏为盈，2007 年即提出建设"第二代铱星系统"的计划，股价大约在 50 美元/股。SpaceX 公司以"猎鹰–9"火箭为"铱星系统"进行过多次发射任务，第二代铱星系统（Iridium Next）的卫星将逐步取代上一代语音及数据通信铱卫星。由此可见，美国卫星产业不同于一般产业市场，因前期投入资金数额大、技术性高及在军事领域应用性强等特点，其退出壁垒较高。

第三节　美国卫星产业的产品差异化

一　产品差异化的含义

所谓产品差异化，是指美国卫星企业在提供给客户的卫星产品上，通过各种手段使客户能够把本企业的卫星产品与其他企业提供的同类产品有效区别开来，从而达到使企业在卫星市场竞争中占据有利地位的目的。② 产品差异化主要是反映行业中同类产品在质量、功能等属性上的差别。不同产业的产品特征和性质是不同的，企业进行产品差异化的难度和能力也不同，根据产品的差异化程度对产业进行分类，一般可以分为高度、中度、轻度及差异化程度可以忽略的产业。③ 日本学者植草益

① 铱星系统是美国摩托罗拉公司设计的全球移动通信系统。它的天上部分是运行在 7 条轨道上的卫星，每条轨道上均匀分布着 11 颗卫星，组成一个完整的星座。它们就像化学元素铱（Ir）原子核外的 77 个电子围绕其运转一样，因此被称为铱星。后来经过计算证实，6 条轨道就能满足需求，于是卫星总数减少到 66 颗，但仍然保留了名称为铱星。

② 苏东水：《产业经济学》，高等教育出版社 2015 年版，第 102 页。

③ 邬义钧、邱钧：《产业经济学》，中国统计出版社 2001 年版，第 35—87 页。

把产业分为中间品、投资品、耐用消费品和非耐用消费品四大类，并分析了这四类产业的差异化程度和原因。其中，投资品一般为生产设备和装置，卫星类产品应当归为此类。卫星类产品本身比较复杂，并且常常是根据客户的需要定制的，因此，产品主体的物理差异比较显著，同时客户需要得到有关产品的性能、使用方法的信息服务和售后服务，也容易形成产品的服务差别。但是，卫星产业的产品差异化程度比消费品行业要低很多。

二 技术创新驱动的产品主体差异化

卫星产业的产品差异化是美国卫星企业有效的非价格竞争手段，可以通过让客户感知到企业产品的差异性特征而影响其购买行为，使客户对本企业提供的特定产品产生偏好，甚至不惜为此支付更高的价格。一般而言，同类竞争性产品的核心产品部分是基本一致的，正是这种一致性，使这些产品相互之间形成了一定的可替代性。为突出自身产品的不可替代性以获得竞争优势，产品主体差异化是企业自己经常使用的差异化手段，也往往是最有效的一种手段。对商业卫星制造商和发射服务提供商来说，"成本领先战略"和"差异化战略"一直是其争夺市场份额的两大基本战略。

随着当前用户需求增长趋缓和市场供应量的提高，单纯依靠成本领先战略的实施难度正不断加大。因此，美国卫星企业同时采取技术创新驱动的产品主体差异化战略，避免再深陷低效率的价格战。如阿里安太空（Arianespace）公司于2015年推出"阿里安－5"火箭整流罩，比同等尺寸的"质子"火箭整流罩提前一年面市，抢得市场差异化竞争的先机。

卫星制造业的差异化潜力最为突出，波音公司（Boeing）的全电推进平台等产品均是技术创新驱动的差异化战略的最佳体现。2012年3月，波音公司全电推进卫星平台BSS－702SP在一次商业通信卫星竞标中首次进入公众视野，拉开了全电推进卫星研制的序幕。不同于化学推进，全电推进卫星是在星箭分离后，系统变轨进入工作轨道与入轨后位置保持均采用电推进系统的卫星。波音公司的新型全电推进卫星平台，是在原 BSS - 702 卫星平台技术的基础上历时两年进行创新设计的。该平台具有质量轻、功率低的特性，可以以较低价格为用户提供服务。通过采用全电推进，大幅降低了卫星发射质量并提高载荷比。并且，可以弥补静止轨道卫星发射时，由于发射场地纬度高而修正倾角耗费大量燃料的问题。由此，可以大幅削减发射费用约一亿美元之多。但美中不足的是电推进发动机推力小，约 6 个月可以机动到轨道位置，在这段时间里卫星是无法盈利的。2012 年，在全电推进卫星制造方面波音公司是全球独秀。波音公司作为全电推进的先驱，成功通过差异化战略获得市场竞争优势，使订单纷至沓来。2014 年 3 月，美国军方与波音公司签订了 3 颗制造全电推进卫星的合同。2015 年 1 月，波音公司与欧洲第一大卫星运营商欧洲卫星公司（SES）① 订购制造合同。2015 年全球 13 颗被订购的全电卫星中有 8 颗是来源于波音公司的 BSS - 702SP 平台，可见率先实施差异化战略的企业在市场竞争中具有重大优势。同行业竞争者为争夺市场份额不甘落后，将广受市场欢迎的全电推进卫星平台进行改进与优化，形成自身优势特点以获得更大竞争力。如 2013 年 9 月，继波音公司推出全电推进卫星平台后，洛克希德·马丁公司开始对自己的 A2100M 平台进行全电推进升级改造，使用更大推力的霍尔电推进以减少卫星入轨时间，并且支持"一箭双星"发射，减少卫星发射总成本。劳拉太空系统公司经过研发，使其全电推进卫星能够将入轨时间缩短至 3—4 个月。

此外，与 SpaceX 公司比肩的蓝色起源公司（Blue Origin）② 因有产品主体差异化特色方能在市场中占一席之地。该公司研发数年但尚未发射的可回收重型火箭"新格伦"（New Glenn）具有以下差异化优势：一

---

① 欧洲卫星公司（SES）成立于 1985 年，总部设在卢森堡。该公司通过 ASTRA、AMERI-COM 及 NEW SKIES 卫星系统为客户提供电视、广播和多媒体直接到户的信息传送服务，是欧洲第一大、世界第二大卫星运营商。

② 蓝色起源公司 2000 年由杰夫·贝佐斯（Jeff Bezos）创建，目标是研发火箭、飞船复用技术，在亚轨道高度实现太空旅行，注重研发火箭推进系统。

是，"新格伦"运载火箭不仅同样可以回收一级火箭，且回收后的发动机便于清理。主要是因为它的 BE‑4 发动机①将使用液化天然气和液氧作为反应燃料，积碳较少，在燃烧时不会像以液氧煤油为推进剂的"猎鹰重型"火箭那样产生固体堵塞发动机管道；二是，"新格伦"运载火箭回收复用速度更快。因为它只用 7 台 BE‑4 发动机，相较于"猎鹰重型"火箭的 27 台"灰背隼"（Merlin）发动机数量少很多，回收清理更加便捷，可以更快投入复用。蓝色起源公司已经为"新格伦"赢得了多笔订单，如亚马逊公司于 2022 年 4 月授予该公司一份发射 12 颗 Project Kuiper 卫星的合同，并可能选择再发射 15 颗；2023 年 2 月，NASA 也为"新格伦"火箭签发首个任务订单，发射一对火星小卫星（ESCAPADE 航天器），合同价值为 2000 万美元，迄今为止 NASA 已向蓝色起源公司支付了 600 万美元。

地理空间情报公司（Orbital Insight）是一家美国遥感卫星图像分析服务的提供商，将经常更新的高分辨率地球图像与其他类型的地理空间信息相结合，以创建新的数据产品。该公司通过与其他同行业公司跨境合作的方式，将不同类型的传感器数据融合到其"Go"平台上，使客户通过平台即可获得不同类别卫星数据的分析服务，拓宽了公司数据产品的多样性。平台数据涵盖了光电、合成孔径雷达（SAR）和射频监测数据，可以揭示经济、社会和环境活动。2018 年 9 月，地理空间情报公司与空客公司合作，以构建一套地理空间分析服务和工具。通过协议，地理空间情报公司将获得空客的 Pleiades 和 Spot 卫星图像，空客公司将获得地理空间情报公司的数据分析服务。地理空间情报公司是空客数字平台 OneAtlas 的首个分析合作伙伴，通过该平台可为政府和商业市场提供量身定制的产品。2022 年 4 月，地理空间情报公司与阿根廷的地球观测

①　BE‑4 发动机从一开始就被蓝色起源公司设计为高性能架构的中等性能版本，旨在降低开发风险，同时满足性能、进度和可重用性要求。借助丰富的硬件方法，多个开发单元和冗余测试台可实现高测试节奏和快速学习。选择甲烷是因为它效率高、成本低且应用广泛。与煤油不同，甲烷可用于对气罐进行自加压。这被称为自生再增压，消除了对利用地球稀缺氦储量的昂贵而复杂的系统的需求。甲烷即使在低油门下也具有清洁燃烧特性，与煤油燃料相比简化了发动机的再利用过程。

公司 Satellogic 合作，将 Satellogic 公司的高分辨率图像和全动态视频纳入其地理空间情报平台，为地理空间情报公司的客户提供更高质量的数据，提高重访率和降低分析的成本。阿根廷的 Satellogic 公司极具发展潜力，预计到 2025 年，该公司可运营 200 多颗卫星，以提供每天频繁重访的全球地球图像。该公司推行的具有成本效益的垂直整合商业模式也与地理空间情报公司的经营理念相符合。地理空间情报公司接收大量数据并对其进行处理，使用人工智能来生成新颖的见解，对政府和商业客户都具有吸引力。同时，也有助于降低成本，并向客户收取更合理的费用。地理空间情报公司与 Satellogic 的合作让地理空间信息更加智能高效、简单直观，方便客户及时获得多种信息以便快速反应，做出关键性决策。2022 年 8 月，地理空间情报公司与以色列的卫星初创公司 Asterra 开展合作。由 Asterra 公司提供基于 SAR 卫星数据的对地观测产品和服务，利用 L 波段极化 SAR 数据来检测地下土壤水分；由地理空间情报公司确定客户需求并寻求利用 Asterra 公司数据分析的机会。Asterra 公司监测基础设施的地球观测技术是业内翘楚，地理空间情报公司将其数据源添加到自身的产品中，使得数据产品得到了丰富，增强了企业竞争力。

Sidus Space 是一家提供空间服务的公司，专注于商业卫星的设计、制造、发射和数据收集使用的连续纤维制造技术。该公司采用新技术，打造产品主体差异化，一是应用 3D 打印机来提供具有工业微米级激光扫描精度和 $50\mu m$ 可重复性的快速制造，可以在数小时内生产出强度高于 6061 铝且重量减轻 40% 的零件。Sidus Space 公司还提供内部工程支持，以优化特定 3D 打印技术的功能性能、产品生命周期和准确性，以确保打印件的可重复性和一致性。从早期产品开发到功能性成品零件，Sidus Space 公司都可提供商业和工业级增材制造解决方案。客户可以在该公司的 3D 打印卫星上集成多个有效载荷，因为它们具有模块化设计，这意味着可以集成自己的技术和设备来提取数据。二是该公司在国际空间站上有一个在轨卫星部署装置。NASA 正是因为青睐这个用于轨道有效载荷系统的空间站集成动能发射器平台 SSIKLOPS，与 Sidus Space 公司签订了合同。该平台使公司能够在国际空间站上部署重达 110 公斤的卫星。能与之匹敌的只有 Nanoracks 公司，但是，目前该公司却无法推出 Sidus Space 公司已经拥有的尺寸。

三　提高产品附加值的服务差异化

随着近年来美国卫星产业市场竞争中技术的不断进步，卫星企业核心产品的差异化空间逐渐缩小，私营卫星企业开始重视自身服务能力的拓展和提高。服务将有形的产品做无形的延伸，可以为卫星产品提供附加价值。尤其是在有形卫星产品差异化程度有限、同质化竞争激烈的市场中，以服务产异化获得竞争优势是明智且有效的。以遥感卫星产业为例，制约产业利润率进一步增长的关键是长久以来的同质化竞争。自 2014 年 6 月，美国政府将分辨率限制政策放宽到 0.25 米，传统运营商竞相推出高分辨率图像，成为展开竞争的主要方面。而天空盒子公司（SkyBox Imaging）[①] 独树一帜，作为新运营商的代表开启了差异化竞争的新时代。该公司更加强调卫星的重访频率，而对图像分辨率的要求相对较低。该公司提供的数据更加迎合互联网企业的需求，便于在此基础上进行再开发。

美国太空探索技术公司（SpaceX）服务差异化策略方面，其最大的优势便是轨道发射的经济性和太空运输的可靠性，堪称填补继美国航天飞机项目后美国太空领域的一大空白。2018 年，SpaceX 公司和欧洲第一大卫星运营商欧洲卫星公司（SES）等已经开始研究低轨小卫星星座以提供全球宽带服务，而欧洲 OneWeb、O3b 公司[②]等则是计划通过建设星座提供全球数据和互联网服务。[③] 与此同时，美国数字地球公司等运营

---

① 天空盒子公司（SkyBox Imaging）2014 年被谷歌收购，更名为 Terra Bella。2017 年被美国行星实验室（Planet Labs）收购。

② O3b 公司的名称 O3b（Other 3 Billion）即"另外的 30 亿"的缩写，表明其目标是为了"全球尚未接入互联网的人口"。该公司原是由互联网巨头 Google、媒体巨头马隆（John Malone）旗下的海外有线电视运营商 Liberty Global 和汇丰银行联合组建的一家互联网接入服务公司。2016 年 8 月，被国际卫星巨头欧洲卫星公司（SES）整体收购。

③ 韩惠鹏：《2018 上半年全球发射卫星概况及发展趋势分析》，《卫星与网络》2018 年第 8 期。

商也在通过其他方式，积极推进服务差异化战略。为了提升企业竞争力、获取更多市场份额，美国卫星公司已经认识到增值服务的重要性。如美国卫星制造商在提供高质量低价格的卫星产品外，向用户提供基于卫星的增值服务来解决客户面临的问题，为客户提供越来越专业化的增值服务。如卖方协助融资、依托出口信贷机构申请出口买（卖）方信贷及配套的信贷保险，或是成立融资租赁公司开展针对用户的融资租赁等，形成对用户群体的有效吸引力。[①]

卫星运营商铱星通信（Iridium Communications）公司寻求利用其现有的频谱资源与升级后的智能手机型号连接提供新服务。2023 年 1 月，铱星公司宣布将与芯片制造商高通公司合作，成为将智能手机连接到其卫星星座计划的合作伙伴。高通公司开发了一款名为骁龙卫星（Snapdragon Satellite）的产品，这款产品可以安装在安卓智能手机和其他设备上，支持通过铱星进行双向通信。为了连接到低地球轨道上的 66 个强大的铱星星座，智能手机制造商需要集成高通（Qualcomm）最新一代面向高端手机的芯片组。早期的全球服务将为手机网络以外的手机用户提供紧急信息，潜在用途包括紧急呼救服务、短信和其他低带宽消息应用，这些应用在地面网络以外的地区，以及铱星全球星座获得运营许可的地区。用智能手机发送基本短信的平均时间仅为 3 秒，紧急信息将通过全球定位系统技术专家，即铱星公司的长期合作伙伴佳明公司（Garmin）[②]运营的响应小组发送。高通技术公司产品管理副总裁表示，虽然这项服

---

① 范晨：《国外航天公司商业模式发展趋势分析》，《卫星应用》2015 年第 11 期。

② 佳明公司（Garmin）成立于 1989 年，注册地为瑞士沙夫豪森，研发总部位于美国，是著名的全球卫星定位导航系统公司。30 多年前，佳明以航空 GPS 导航产品进入市场，长久以来致力于 GPS 产品的设计研发，而后在航空、航海、车用市场都有该公司的足迹。最近的十年中，建立了许多第一的纪录，从研发第一台使用于非精密进场的通用型航空专用卫星定位仪，到首次生产具备 GPS 与 VHF 双重功能的掌上型产品，甚至再将全世界最小的 GPS 推广到户外活动的领域。公司目标是让每一项 GPS 产品，都能具备简易的操作方式、人性化的功能选单、清楚易懂的操作说明，使客户毫不费便可成为使用 GPS 的高手。佳明公司在 GPS 上崭新突破的技术，使产品能够在极短的时间内定位并锁定卫星信号，无论使用者身在何处皆可获得所在位置，而且非常省电。此外，公司的产品拥有强大的数据处理能力，可以立即更新定位信息，快速稳定的获得实时移动地图，具有高精准度、高质量与高可靠性的特点。

务最初将针对智能手机，但两家公司表示，他们正在考虑扩展到其他设备，包括笔记本电脑、平板电脑、汽车和小型物联网设备。铱星公司首席执行官马特·德施表示，该公司未来还将升级其能力，以增加更高的带宽服务，与其他也在寻求进入直接面向智能手机市场的企业保持一致。相比之下，铱星公司使用已经批准从太空向地面发射的频谱，可以大大缩短商业化发射所需的时间。美国卫讯公司（Viasat）2023 年 2 月也表示，该公司正在探索利用地球同步轨道和非地球同步轨道的卫星提供混合窄带①直接到智能手机的服务，这也是其收购英国地球同步轨道宽带和窄带运营商 Inmarsa 公司的原因之一。卫讯公司非常关注两者之间的协调系统，并且愿意与低地球轨道公司合作。而领克全球（Lynk Global）等公司正在从零开始开发星座，苹果公司在 2022 年 9 月份宣布与铱星公司的竞争对手环球之星合作，但提供的服务目前仅限于紧急呼救系统。

位于美国加利福尼亚旧金山的 Spire Global 公司，拥有 70 多颗在轨卫星用于收集大气数据和使用自动识别系统接收器跟踪船只，是卫星数据分析和空间服务的提供商。该公司 2022 年 5 月公开表示，他们正在至少 3 颗卫星上安装来自小型卫星运营商开普勒通信公司的大容量 Ku 波段天线，以便为客户提供更高容量的数据服务。Spire Global 公司目前通过 100 多颗低空卫星提供天气和跟踪服务，这些卫星在 UHF、S 和 X 波段传输数据。按照双方达成的协议，Spire Global 公司能够在现有的监管许可下，为其低地球轨道舰队增加高速 Ku 波段能力，并可能扩展至 50 颗卫星。该公司还提供一项服务，向其他公司提供技术、地面站网络和自动化操作系统，以便将自己的应用程序和传感器相对较快地部署到轨道上。Spire Global 公司获得的 Ku 波段有效载荷将使包括加拿大初创公司北极星地球与空间等客户受益。此外，来自 Spire Global 公司的全球自动识别系统（AIS）的船舶跟踪数据将为防止船只海上碰撞提供帮助。新

---

① 窄带（Narrow Band），通常将网络接入速度为 56Kbps（最大下载速度为 8KB/S）及其以下的网络接入方式称为"窄带"，相对于宽带而言窄带的缺点是接入速度慢。

的传感器融合算法将 Spire Global 公司的全球自动识别系统数据与卫星图像、无人机图像和来自物联网传感器的数据进行匹配，可以更好地预测海上交通模式，从而减少狭窄航道中的碰撞并降低船舶运营商的保险费用。在全球自动识别系统的协助下，以前所未有的方式深入了解船只的实时位置，帮助船只避碰并为创造一个更安全、利润更高的海运业做出了贡献。

还有许多卫星初创公司，采取服务差异化战略来增加产品的竞争优势。通过人工智能全方位服务于太空事业，利用人工智能提供设计卫星、操作星座和开发战争游戏工具等服务。例如，新墨西哥州初创公司 RS21 在 2022 年赢得了美国太空部队的合同，研究如何使用人工智能预测轨道上的卫星故障。这份价值 37.5 万美元的小企业创新研究（Small Business Innovation Research）第三阶段合同，以及超过 100 万美元的额外工作机会，将有助于加速该公司空间预测人工智能托管生态系统（Space Prognostic AI Custodian Ecosystem，SPAICE）的成熟。该公司利用人工智能监测系统进行故障检测预测卫星故障，通过实时卫星遥测数据和异常信息来提前预测发生卫星故障的时间。RS21 公司正在扩大人工智能在预测卫星故障方面的应用，以便能够做到提前 24 小时或 48 小时就知道卫星是否会出现故障。总部位于新罕布什尔州的 Rogue Space Systems 公司正在开发用于太空服务的小型卫星，在开发过程中使用了大量人工智能和模拟技术，用于完善卫星设计和业务规划，以便客户拥有更好体验。科罗拉多州的初创公司 True Anomaly 使用人工智能建立太空战争游戏和训练模型，正在开发一种"自主轨道追踪飞行器"，目标是军事应用。人工智能可以帮助开发逼真的战争模拟，以便为美国太空部队训练对抗提供一个"会思考的对手"。

四　卫星产品差异化对市场结构的影响

第一，产品差异化影响美国卫星产业市场集中度。美国卫星市场上规模较大的、市场占有率领先的企业通过对产品差异化程度的强化，可以保持或提高自身的市场占有率。从整个卫星产业市场上看，市场集中度水平将保持不变或提高。对于卫星产业一类的高技术产业而言，技术创新驱动的产品差异化是企业核心竞争力的主要来源。具有垄断地位的上位企业由于企业规模大、资金实力雄厚，具有较强的创新与研发能力，因而更具有利用科技进步引领市场从而巩固自身垄断地位的能力。波音公司在美国卫星市场上属于上位企业，作为全电推进卫星技术革新的代表，2017年波音公司所交付的大型卫星均为全电推进通信卫星，且交付对象均为国际市场占有率较高的卫星运营商。波音公司虽然在卫星市场上实力领先，但仍然不断创新，在大型通信卫星市场上采取产品差异化战略，以此巩固和强化在卫星产业中的地位，当时只有欧洲的空客集团①与其实力相当。反之，新企业如果拥有较强的产品差异化能力，则能轻易进入行业使从业企业数量增加，进而降低市场集中度。

第二，产品差异化形成市场进入壁垒。美国卫星市场上现有企业的产品差异化可以使客户对该企业的产品形成偏好甚至一定忠诚度。对于卫星产业的潜在进入者而言，这种对现有企业的忠诚度无疑构成了自身进入行业的障碍，形成一定程度的进入壁垒。这意味着试图进入卫星产业市场的新企业，必须找到市场盲区或通过产品差异化行为，找到新市场或将现有企业的客户争夺到本企业。要做到这一点，潜在进入者需要付出更多成本和资源，因此，市场产品差异化程度越高，新企业进入市场的壁垒也就越高。美国卫星企业通过技术创新驱动的产品主体差异化与服务差异化，不断提高卫星产品质量、拓展产品服务类别，在全球居于领先地位，则对于想进入该产业的新企业无疑构成了一道较高的门槛。反之，新企业如果拥有较强的产品差异化能力，则能轻易进入行业，与行业内的原有企业争夺市场份额。

---

① 空中客车公司（Airbus，又称空客、空中巴士），是欧洲一家飞机制造及研发公司，1970年12月于法国成立，总部位于法国图卢兹。空中客车公司的股份由欧洲宇航防务集团公司（EADS）100%持有。该公司拥有员工133671人（2019年）。2018年12月，世界品牌实验室发布《2018世界品牌500强》榜单，空中客车排名第457。2021年《财富》世界500强排行榜发布，空中客车公司位列第179位。

第四节 本章小结

本章主要利用SCP范式对美国卫星产业进行了市场结构（S）分析。首先，利用2017年统计数据测算了2016年美国卫星产业的市场集中度。采用CR_8指标来测算市场集中度，需要计算出美国卫星产业中排名前八位企业的产值，除以美国卫星产业的总产值计算出前八位企业所占的市场份额。通常计算后根据数值判断美国卫星产业集中度属于一般寡占型。

其次，论述了美国卫星产业的进入和退出壁垒。第一，美国卫星产业由于具有高投入、高技术性的特点，加之拥有老牌产业巨擘，如洛克希德·马丁、诺斯罗普·格鲁曼公司等，使得新企业进入该产业的门槛较一般产业要求更高，由规模经济效益形成较高的进入壁垒和退出壁垒。第二，卫星产业的产品通常是具有很高科学技术含量的，科技的力量在卫星产业领域的重要地位不言而喻。技术创新可以驱动产品主体的差异化，技术障碍往往是卫星企业之间产品差异化形成的主要原因。例如，遥感卫星数据产品清晰度上的差异，是高技术性构筑的产品主体差异的典型代表。此外，产业内的现存企业也通过高技术为潜在进入者设置进入壁垒。例如，美国地球同步轨道卫星的频段争夺之战就是利用技术先发制人，抢先发射规模庞大的"占频保轨"卫星，对后续潜在进入者使用同频星座的频率协调造成障碍。第三，对美国卫星产业而言，在位企业通过由其专控的优质生产技术大幅降低制造和发射成本，利用绝对成本优势壁垒使潜在进入企业处于竞争劣势。这类专控的优质技术由企业自主创新得出，相较于模仿创新更能使该卫星企业获得高额利润并抢先占领市场。如美国卫星产业这类垄断性比较强的产业，拥有较高的进入壁垒，那么其退出壁垒一般来说也较高。

再次，阐述了美国卫星产业的产品产异化情况，主要表现为技术创新驱动的产品差异化和提高产品附加值的服务产异化。一方面，美国卫星企业采取技术创新驱动的产品主体差异化战略，避免再深陷低效率的价格战；另一方面，私营卫星企业由于核心产品的差异化空间逐渐缩小，开始重视自身服务能力的拓展和提高。服务将有形的产品做无形的延伸，可以为卫星产品提供附加价值。此外，阐述了卫星产品差异化对市场结构的影响。

第五章　美国卫星产业市场行为分析

市场行为（Conduct）是指美国卫星企业为适应卫星市场、按照卫星市场要求调整自身行动以求实现利润最大化或获取更高市场占有率的行为。卫星产业发端于军工与国防建设，在现代仍作为具有战略意义的特殊产业，其市场行为与其他产业的自由竞争有所不同。虽然美国卫星产业在全球的市场化程度与商业化程度较高，但从国家安全层面考虑，美国卫星产业也未能实现完全市场化。尤其是在推行市场化与商业化进程的初期，政府部门与各职能机构发挥了重大作用，甚至充当企业的大客户。因此，在本章论述中，不能只遵循一般产业市场行为分析框架中的市场竞争行为和市场协调行为模式，还应当充分考虑卫星产业特殊性与政府的重要作用。企业的市场行为分为两大类，即市场竞争行为与市场协调行为。市场竞争行为又可分为定价行为、广告行为和兼并行为。从竞争的法律性质上看，市场竞争行为有合法竞争和不合法竞争之分。不合法竞争包括垄断（完全排斥竞争）、限制竞争和不正当竞争。本章对美国卫星产业市场行为的分析主要从以兼并为代表的市场竞争行为、以卡特尔为代表的市场协调行为以及政府在市场行为中的重要作用方面展开。

第一节　以兼并为代表的市场竞争行为

定价行为、广告行为和兼并行为都归属于市场竞争行为的范畴。其中，兼并行为在美国卫星产业组织中具有鲜明的特点。

一　企业兼并的含义及特征

企业兼并（Merger）是指两个或两个以上的企业在自愿基础上，依据法律通过订立契约形式结合成一个企业的组织调整行为。[①] 由于美国卫星产业的组织调整行为是对卫星产业市场关系影响最大的市场行为，因此是研究的重点内容。从财务角度看，企业合并一般可分为吸收合并（兼并）、新设合并及控股合并三种形式。企业兼并通常由一家在市场上占优势的公司（合并方）吸收其他公司进入自己的企业，并以自己的名义继续经营，而被合并方企业在合并后丧失法人地位，依法注销法人资格。被合并方通过出让所拥有的对企业的控制权而获得相应的受益，合并方通过付出一定代价而获取这部分控制权。企业兼并的主要作用是优化资源配置、形成规模经济、增强企业的市场竞争力、提高经济效益等。企业兼并是资本集中从而市场集中的基本形式。

企业兼并有三种类型：横向兼并（也称水平兼并），是指属于同一产业或处于同一加工阶段的企业之间的兼并行为；纵向兼并（也称垂直兼并），是指处于生产和流通过程中不同阶段、存在垂直方向联系的企业之间的兼并行为；混合兼并（也称复合兼并）是指分属不同产业、产品完全不相同的企业之间的兼并行为。企业兼并具有以下特征：第一，兼并实现企业控制权的转移。企业兼并的主要特征是控制权的转移。合并方取得被合并方控制权以后，可以对双方的经营资源进行整合，实施重新配置。这样一来，就有利于企业实现规模经营，从而降低投资风险、扩大企业的市场竞争力。第二，兼并比投资新建企业见效快。相对于投资新建企业而言，兼并可以迅速取得被合并方的固定资产、技术和人力资源等，这些已经成熟的经营资源，可以节省大量的时间和资金更容易达成预期经营效果。第三，兼并能够一定程度上克服行业进入壁垒。能够克服新建企业缺乏技术支持、管理经验不足以及销售资源和渠道匮乏等一系列障碍，更有利于进入新的行业开拓市场。通过兼并行业内部其

---

① 苏东水：《产业经济学》，高等教育出版社 2015 年版，第 115 页。

他企业方式进入新的领域，可以克服地区、行业进入壁垒，还可以在不打破现有供需均衡关系的前提下，取得新的竞争优势。

二 美国卫星企业兼并的方式

当前，美国卫星企业的兼并方式呈现出横向一体化与纵向一体化的商业趋势，使得价值链上下游与同行业竞争者之间的关系更加紧密了。

横向一体化，指的是同一产业市场内开展相竞争或补充业务的企业之间进行的一体化行为。有同行间的联合与合作，如空客防务与航天（ADS）公司作为卫星制造商，与同为卫星制造商的泰雷兹·阿莱尼亚（TAS）公司之间联合进行的阿尔法新星与下一代平台开发合作行为。也有同行间为扩大业务范围、经营规模而开展的并购，例如轨道科学（OSC）公司与阿连特技术系统（ATK）公司的合并。[①] 2014年4月，轨道科学公司与军火制造商即美国著名的固体火箭发动机制造商阿联特技术系统公司合并，合并后的公司名为轨道ATK公司（Orbital ATK）。此后，2017年9月，轨道ATK公司被同为军工企业的诺斯罗普·格鲁曼公司收购。诺斯罗普·格鲁曼公司在2017年9月宣布以92亿美元的交易价格收购轨道ATK公司，在获得轨道ATK公司的股东和监管审查批准后，该交易于2018年6月完成。合并后的诺斯罗普·格鲁曼公司在太空和防御系统方面的能力得到强化。横向一体化行为不仅有扩大生产规模、降低生产成本的作用，而且能够降低竞争激烈程度、助力合并后企业提高市场占有率。

纵向一体化，指的是生产过程或经营环节密切联系的上下游企业之间的一体化行为。纵向一体化又可分为向产业价值链下游延伸的前向一体化与向产业价值链上游延伸后向一体化。如卫星制造商与商业运营商通过一体化控制卫星产品的稳定分销渠道，属于前向一体化行为；卫星制造商对供应商的并购属于后向一体化行为。纵向一体化行为不仅可以加速降低购进成本、简化生产流程，而且便于企业统筹安排生产活动，

---

① 范晨：《国外航天公司商业模式发展趋势分析》，《卫星应用》2015年第11期。

避免供应商因市场或政策变化而出现供应问题，导致自身生产陷入困境的情况。2014 年，美国 ATK 公司并购轨道科学（OSC）公司，合并成立新的"轨道 ATK 公司"，对于 ATK 公司的后向一体化，其持股份额超过50%，合并后能够使航空航天业务模块得以强化，火箭自主生产份额从45%—50% 提高到 70%—80%[1]；对于 OSC 公司而言，能够进一步扩大当前的业务范围，有利于其加强航天器的国际竞争。

由此可见，美国卫星从业企业之间实施纵向一体化，能够使销售费用大幅度降低，并且通过纵向协作化经营可以更好地整合资金、资产和人力资源。

在一体化过程中，往往不是单一的横向一体化或纵向一体化，而是二者的有效结合。例如，SpaceX 公司原本主要是围绕运载火箭的制造与发射开展业务，但已有前向一体化进程，在获得了谷歌公司 9 亿美元投资后开展了低轨卫星星座运营业务，努力开拓终端客户市场；此外，还进行后向一体化运作，将于西雅图兴建卫星制造厂，开展自主研究开发与设计卫星的业务。通过前向与后向一体化并行，使 SpaceX 公司产业链更加完备，增加了企业经营的灵活性，使企业资源得到有效整合，抵御产业市场风险的能力有效加强，提高了企业的国际竞争力。

案例一：Maxar 公司收购特点

2013 年 2 月，DigitalGlobe 公司宣布收购地球之眼公司（GeoEye），合并后的 DigitalGlobe 公司旨在提供更广泛的影像、信息和高级分析功能，帮助客户更加节省时间和开支地解决日益复杂的各种问题，甚至是拯救生命。2017 年 3 月，DigitalGlobe 完成了对位于弗吉尼亚州尚蒂伊的地理空间信息公司（The Radiant Group，Radiant）的收购，Radiant 公司可以通过智能任务处理帮助 DigitalGlobe 改进其收集图像，从而提升了DigitalGlobe 的空间专业分析能力。2012 年 11 月，加拿大 MDA 公司收购了美国劳拉空间系统公司（Space Systems Loral，SSL）。2017 年 10 月，

---

① 李莲：《基于财务管理视角的 SpaceX 公司火箭低成本分析及启示》，《中国航天》2018年第 8 期。

MDA 公司又收购了 DigitalGlobe，MDA 在卫星设计制造、雷达监测、地面系统和系统工程设计方面的领先实力，同 DigitalGlobe 全球领先的卫星星座、庞大的地球影像数据库及平台先进的地理空间专业分析能力相辅相成。2019 年 2 月，MDA、SSL、DigitalGlobe 和 Radiant 公司都归于美国 Maxar 公司麾下，从而打造一个更精简、更专注的组织，能够更好地应对空间和情报行业发生的快速变化（见图 5 - 1）。美国太空技术公司（Maxar Technologies，Maxar）融合了美国数字地球公司（DigitalGlobe）、加拿大麦克唐纳·德特威勒联合有限公司（MacDonald Dettwiler & Associates，MDA）、美国劳拉空间系统公司（Space Systems Loral，SSL）和地理空间信息公司（The Radiant Group）这四家公司的不同优势，拥有世界领先的技术和能力，一跃成为美国商业遥感卫星产业中的领军企业。

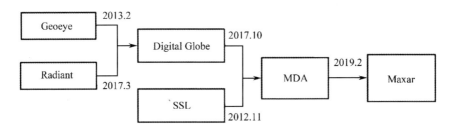

图 5 - 1　Maxar 公司并购过程示意

案例二：Planet Labs 公司收购特点

2015 年 7 月，美国行星实验室公司（Planet Labs）收购了黑桥公司（BlackBridge），取得了其运营着的由五颗遥感卫星组成的 RapidEye 卫星群，其功能类似于行星实验室的"鸽群"（Dove）卫星群。黑桥公司原来运营着五颗由加拿大 MDA 公司制造的小型卫星，每颗重 150 公斤，而 Planet Labs 一直在开发基于立方体卫星外形的成像卫星星座，每颗仅重几公斤。Planet Labs 采用了一种被称为"敏捷航空航天"的方法，在这种方法中，它可以在内部快速开发新一代此类航天器，并以比传统卫星开发商更快的速度整合新技术。两家公司各自的卫星图像集在分辨率和光谱波段上是相似的，除了 RapidEye 卫星还收集对农业应用有用的"红边”波段的数据。

　　2017 年 2 月，行星实验室又从谷歌手中收购了 Terra Bella 公司（原为 SkyBox Imaging 公司，2014 年被谷歌公司以 5 亿美元的价格收购后更名为 Terra Bella）。收购是对彼此能力的一种补充，利用了行星实验室的 SkySat 系统（SkyBox Imaging 公司研制）的高分辨率图像以及来自“鸽群”卫星群和黑桥公司的 RapidEye 卫星群不断增长的中分辨率图像。Skybox Imaging 公司成立于 2009 年，曾是一家很有实力的公司，在被谷歌收购之前筹集资金规模超过 9000 万美元。该公司在内部开发了第一颗高分辨率成像卫星，并在被谷歌收购前不久与 Space Systems Loral 公司签订了建造 13 颗卫星的合同。行星实验室收购 Terra Bella，将两家公司互补的能力结合起来，从太空对地球进行成像能力得到优化。该公司计划在 2023 年前发射两颗高光谱卫星，以收集 400 个光谱波段的数据，采用 SuperDoves 升级其 Dove 立方体卫星星座，SuperDoves 可以收集八个光谱带的图像，而其前身只有四个光谱带。

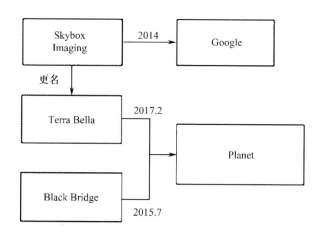

图 5-2　Planet 公司并购过程示意

三　美国卫星企业兼并的效果

　　企业兼并后产生协同效应，所谓协同效应是指并购后公司的总体效益要大于并购前两个企业效益之和。协同效应可分为管理协同效应、经营协同效应和财务协同效应。

1. 管理协同效应

管理协同效应主要是指企业兼并后带来的管理效率方面的提高。低效率企业会因兼并而与高效率企业管理同步，获得管理效率上的提高，从而使企业取得更好的经济效益。

第一，管理协同不仅为解决管理能力过剩提供了可行的方法，同时，也可以在较短时间内提高管理低效企业的管理能力。如2017年4月，美国行星实验室公司（Planet Labs）对谷歌旗下特拉贝拉公司（Terra Bella）的收购，既满足了行星实验室公司扩大产业规模的需求，也是谷歌公司寻求"减负"，剥离非核心业务产品的结果。从被合并方角度看，谷歌公司于2014年6月收购特拉贝拉公司的最初目的是使谷歌公司获得自主的天基高分辨率图像和视频采集能力，完善谷歌地图服务，大幅提升特拉贝拉公司大数据存储和处理能力，推动谷歌公司在对地观测数据应用与互联网技术领域的结合。但是，谷歌公司的预期目标并没能实现，建造和维护卫星的花费远高于直接采购的费用，得不偿失。因而出于发展战略考虑，谷歌公司决定剥离不属于其核心业务的产品，出售特拉贝拉公司；从合并方角度看，行星公司扩充卫星星座资源，拓展业务领域。虽然在2015年，行星公司收购了黑桥公司以及RapidEye卫星星座，但是该星座的图像分辨率仅有5米。因而，行星公司想借前次收购使图像分辨率达到亚米级的目标仍没有实现。而特拉贝拉公司计划构建的SkySat卫星星座由24颗小卫星构成，面向全球用户提供高分辨率图像和视频数据，能获取时长90秒、每秒30帧的高清视频，视频分辨率1.1米。此外，行星公司其商业运营的核心是基于低轨道大规模星座采集的全球近实时更新数据，提供数据分析服务，而非微纳卫星制造和图像销售业务。因此，行星公司此次收购特拉贝拉公司，不仅能实现两种业务的优势互补，获得其高分辨率图像和视频，还可以获得特拉贝拉公司的数据分析服务和图像销售关系。

第二，通过管理协同增强企业资源整合与利用能力。实现企业兼并后，可以整合各自优势，实现卫星企业管理模式同步，更好调配资源取得显著经济效益与成果。行星公司具备每天对全球覆盖一次的能力，快速获取全球最新图像。行星公司收购特拉贝拉公司后，将高效的运行管理机制进行同步，数据类型进一步丰富，公司进一步推出了行星数据平台，在线提供快速更新的图像和信息；还提出应用开发者计划，支持用户基于公司数据开发自己的应用。SkySat 星座恰好与行星公司现有的 100 余颗中等分辨率的卫星舰队互补，前者具有亚米级分辨率，能够定期且快速地更新地球上特定区域的快照；后者则具有 3—5 米的分辨率，拥有覆盖全球的定期快照能力。而当二者合二为一，将变得独一无二且创造出新的价值，为小卫星遥感产业领域注入新的发展活力，推动该领域商业模式的不断创新。新兴的商业遥感卫星公司借助大数据、云计算等技术，瞄准全球覆盖的互联网接入服务需求和近实时更新的对地观测大数据需求，积极利用小卫星发展规模庞大的对地观测星座。

2. 经营协同效应

经营协同效应，是企业兼并后产生的、给企业带来规模经济效益、降低成本提高市场竞争力以及实现资源互补增加经营收益的企业行为效果。具体包括以下四个方面。

一是经营协同表现为卫星企业获得规模经济效应。例如克唐纳·德特威勒联合有限公司（MacDonald Dettwiler & Associates，MDA）并购美国数字地球公司（Digital Globe），可形成规模经济，显著降低运营成本，新公司利润率获得大幅提升。2017 年 10 月，MDA 公司完成对美国数字地球公司的收购，并将公司名称改为加拿大马克赛纳技术公司。由于合并后新公司业务仍然在美国展开，因此，并购后对美国卫星产业有较深远影响。在运营成本方面，两家公司合并后将形成规模效益，通过供应链管理和集中采购，降低采购成本，并通过内部资源协调与能力协同，降低对外部采购的依赖。1969 年成立的 MDA 公司经过 40 多年的发展，已经成为了全球最主要的对地观测卫星信息公司之一，为全球客户提供先进的信息解决方案。MDA 公司一直实行以市场驱动为原则的资本运作指导方针，与 Digital Globe 公司的发展方向相吻合。作为早期受到政府从政策、资金等方面大力扶植的传统商业对地观测公司，随着市场商业化程度不断提高，Digital Globe 公司也逐渐认识到政府在市场中的角色变化，在依赖政府合同的同时，需要通过广泛开发多样化用户群体、丰富公司产品实力与类型等方式，来提升自身市场竞争力，以便摆脱对单一用户的过度依赖，确保长远发展。

二是经营协同可以使卫星企业加强市场垄断力。加拿大 MDA 公司并购美国 Digital Globe 公司，对于发展新一代星座系统，打造卫星遥感行业"巨无霸"，抢占全球市场份额有巨大作用。两家公司合并会加强在卫星遥感行业的垄断力，重塑全球卫星遥感市场格局。一方面，MDA 公司与数字地球公司合并后，形成遥感卫星制造与运营、地面站制造的垂直集成能力，启动研制新一代遥感星座系统——"世界观测军团"（World View Legion），发展亚米级高分辨率小卫星星座，具备对全球局部地区每天 40 次重访能力。合并后的新公司能获得多类型遥感数据交叉销售机会，以此抢占更多市场份额。另一方面，合并后的新公司占据全球卫星遥感市场六成以上份额，成为全球最大的卫星遥感图像和信息服务提供商，进一步拉大与其他竞争者的领先优势，极大地挤压其他竞争者的发展空间。Digital Globe 公司和 MDA 公司作为全球卫星遥感市场领先的服务提供商，通过收购行为深度整合各自优势技术和用户网络，扩展服务能力、提升竞争力，有效应对新兴公司挑战，继续占据市场领先地位。

三是有利于打破政府壁垒，助力 MDA 公司进一步获得美国市场。受美国政府国家安全审查制度影响，MDA 公司此前无法直接获得美国政府和军方订单，主要面向商业市场用户提供服务。2012 年，MDA 公司收购劳拉太空系统公司（SSL），打入美国通信卫星和在轨服务市场。MDA 公司也曾向美国政府客户提供"雷达星"（Radarsat）星座数据。为扩大市场空间，MDA 公司制定了"进入美国计划"（US Access Plan），于 2016 年在旧金山设立太空系统劳拉 MDA 控股（SSLMDA Holdings）美国分公司，并采取调整公司管理层等举措，全力进军美国市场。此次收购数字地球公司，则使 MDA 公司一举进军美国政府和军方地理太空情报市场，应对新兴遥感公司挑战，通过能力整合稳固领先优势。

四是经营协同可实现卫星企业之间资源互补。加拿大 MDA 公司并购美国数字地球公司，对于整合各自优势，打造全新能力，以产品服务多样化驱动市场规模增长。在太空段，MDA 公司拥有雷达成像卫星系统，数字地球公司运营全球分辨率最高的商业光学遥感卫星星座；在地面段，MDA 公司卫星地面站制造能力领先，数字地球公司遥感图像信息处理及分析能力出色。收购交易完成后，新公司将能为全球政府和商业用户提供端到端的一站式服务，光学与雷达卫星系统兼备，通信卫星及分系统制造、地面站研制能力领先，并具备先进的遥感数据分析和增值服务能力。集卫星制造、地面站制造、卫星运营与服务于一体，MDA 公司将能为用户提供更趋多元化、多样化的产品和服务，进而竞得更多市场订单，拓展了发展机遇和市场空间。

诺斯罗普·格鲁曼公司（Northrop Grumman）在 2017 年 9 月收购了轨道 ATK 公司（Orbital ATK），在获得轨道 ATK 公司股东和监管审查批准后，该交易于 2018 年 6 月完成，使合并后的公司在太空和防御系统方面具有互补能力。轨道 ATK 公司在运载火箭、小型卫星、推进系统专业知识和一些军事项目方面拥有诺斯罗普不具备的优势。相比之下，诺斯罗普·格鲁曼公司在大卫星及其他领域拥有轨道 ATK 所不具备能力。合并后将使得两公司得到优势互补。诺斯罗普·格鲁曼公司的收购将为轨道 ATK 公司提供更多的技术和财务资源，以开展更大规模的项目，包括轨道 ATK 公司正在努力开发卫星服务系统以及拟议中的大型运载火箭等。军事太空系统是将从此次收购中受益的一个领域，利用诺斯罗普·格鲁曼公司在大型卫星方面的经验以及轨道 ATK 公司在小型航天器方面的工作经验，将大型和小型太空系统组合起来创造太空环境运作中所需的能力和弹性。轨道 ATK 公司将作为诺斯罗普·格鲁曼公司的第 4 个部门与航空航天系统、任务系统和技术服务一起运营，让轨道 ATK 继续为现有客户提供服务。此后，诺斯罗普·格鲁曼公司将逐步进行公司重组，轨道 ATK 公司的各种元素将并入公司的其他地方。

3. 财务协同效应

财务协同效应是指在企业兼并后，将企业财务资金进行统一调配用于效益较高的项目，使企业集团整体上获得更高收益的效果。由于被兼并企业的资金站在企业集团角度属于内部资金，可以以较低的资本成本取得，把握投资机遇更加科学合理地使用资金。此外，在企业兼并以后，企业集团的资产合并计算，可以有效提高负债较多企业的偿债能力，便于企业申请贷款等资金融通行为。如加拿大 MDA 公司并购美国数字地球公司（Digital Globe），预测合并后，新公司每年将节约 0.5 亿—1.15 亿美元。营业收入方面，MDA 公司 2016 年年收入为 20.64 亿加元，利润率约 17%；Digital Globe 公司 2016 年收入为 9.53 亿加元，利润率为 55%。合并完成后，新公司利润率有望得到极大改善。在 2017 年 9 月，诺斯罗普·格鲁曼公司（Northrop Grumman）收购轨道 ATK 公司（Orbital ATK）的交易中，根据交易条款，诺斯罗普·格鲁曼公司将支付 78 亿美元现金并承担 14 亿美元债务以收购轨道 ATK 公司。诺斯罗普·格鲁曼公司 9 月 18 日以每股 134.50 美元的价格购买轨道 ATK 公司股票，较 2017 年 9 月 15 日收盘时每股 110 美元的股价溢价超过 20%。诺斯罗普·格鲁曼财务报告显示，2018 年全年销售额为 300 亿美元，高于 2017 年的 260 亿美元。该公司 2018 年的营业收入为 37.8 亿美元，而 2017 年为 32.2 亿美元。2018 年的数据首次包含了轨道 ATK 公司的收入和利润，该公司于 2018 年 6 月被诺斯罗普·格鲁曼公司完成收购，作为诺斯罗普的一个创新系统部门运营。该部门报告称，2018 年销售额为 32.8 亿美元，全年营业收入为 3.43 亿美元。在经营协同及财务协同效应下，合并后诺斯罗普·格鲁曼公司增加了收入并节省了成本。该公司通过整合企业基础设施（包括"组织调整"），到 2019 年底，公司每年可节省 1.5 亿美元的成本。诺斯罗普·格鲁曼公司总裁兼首席执行官在财报中表示，随着成功整合了创新系统部门，公司正朝着成本优化和运营协同效应的目标迈进，并在收入协同效应方面取得了巨大进步。2019 年年底已经实现了 1.5 亿美元的"成本协同效应"目标，公司各个部门的一些绩效改进与协同后的资源节约密切相关，也是太空和导弹领域的"收入协同效应"，并且这方面的增长速度快于预期。第三个领域是消除冗余设施后的"运营协同效应"，这些方面的协同效应取得良好进展促使公司合并后获得更高收益的效果。

可见，美国卫星企业之间的兼并行为是其为适应市场发展作出的重要商业决策，在一定程度上反映了美国卫星产业和市场的发展趋势。当前卫星产业仍处于过渡阶段，应用服务市场竞争日益激烈，这些都为新产业形态的加速形成创造了条件，卫星市场正处于向市场化、开放式、融合式发展的重要转型时期。由此可见，经过商业市场兼并的大浪淘沙，卫星市场将逐渐被一些实力雄厚、具有综合竞争力的卫星制造或服务企业占据，合作共赢是对地观测并购市场发展的必然趋势。

四　企业兼并对市场结构的影响

美国卫星产业企业之间兼并行为是一把双刃剑，它所产生的兼并效果既有积极的一面，也存在消极的一面。从兼并的积极效果看，企业兼并是推动美国卫星产业存量结构调整的重要手段。通过企业兼并，优势企业并入衰退企业而使自身发展壮大，衰退企业通过被兼并顺利退出卫星产业市场，使得生产要素向优势企业集中，社会资源配置得到优化。从兼并的消极效果看，卫星企业之间的大规模兼并行为会导致美国卫星产业市场集中度的加强，垄断势力得到进一步强化。卫星市场中垄断势力的不断增强，将会导致垄断带来的低效率。因此，卫星企业之间的兼并行为需要通过恰当的产业组织政策来进行调节，使集中程度保持在一个适度的范围内。企业兼并行为对美国卫星产业市场结构的影响，主要表现在两个方面：一方面，企业兼并使得美国卫星产业市场中的支配力量得到强化。规模较大的卫星企业之间展开的横向兼并，有极大可能使兼并后的企业在卫星产业市场上的支配能力增强。这种支配力量表现在该卫星企业在原材料获取方面形成买方垄断，而在销售中提高产品价格、驱逐竞争对手，从而最终巩固和加强垄断势力。另一方面，企业兼并导致美国卫星产业进入壁垒的形成。比如，纵向兼并导致市场上产品的生产过程高度一体化，这样试图进入该产品市场的新企业也就必须在多个生产阶段同时进入，否则就不足以同现有企业竞争。但是，在卫星产业多个生产阶段同时进入，提高了新企业的资金投入要求，增加了其经营风险，实质上构成了阻止新企业进入的壁垒。对于实现了混合兼并的卫星企业而言，可以利用多产品和多市场的有利条件，实施限制性定价和掠夺性定价，从而巩固自己在市场上的垄断地位。反之，如果新企业通过混合兼并可以进入美国卫星产业市场，并且具备承担短期亏损的能力，是可以加强产业内市场竞争，降低卫星产业市场的集中程度的。综上所述，企业兼并对美国卫星产业市场结构的影响尽管在某些情况下会有促进竞争作用，但从整体实际情况来看，主要是以加强集中度为主。

第二节　以卡特尔为代表的市场协调行为

市场协调行为，是指同一产业市场上的企业为共同目标而采取的相互协调的市场行为。尽管美国卫星产业市场化程度较高，但是也存在阻碍市场竞争性的卡特尔。同处于卫星产业中的企业之间存在着竞争关系，但是在某些特殊情况下，企业之间通过合谋、相互妥协以求实现对彼此共同有利的目标。一般情况下，企业之间的市场协调行为，并不是以明确的协定和契约来加以规范的，许多市场经济国家都制定了相应法律来约束垄断势力形成，因而大多采取暗中共谋的形式。

一　卡特尔的含义

在任何市场中，企业都有协调它们的生产和定价行为的动机，通过限制市场产出和抬高市场价格来增加共同的利润和个体的利润。公开协调定价和产出行为的企业联盟被称为卡特尔（Cartel）。美国反托拉斯的立法、执法都比较严格，尽管如此，暗中的、策略性的价格合谋还是偶有发生，在卫星产业中亦有体现。按照博弈论的思想，在美国卫星产业市场上，垄断寡头之间的相互依赖关系，将促使他们结成同盟以避免竞争，从而共同取得垄断利润。卫星企业之间为达到稳固地垄断市场的目的而结成联盟，这样的组织就是卡特尔。卡特尔在大多数发达工业国家是非法的。卡特尔经济学分析合作性的寡头垄断模型的前提假定是，产业市场的总需求函数为 P = A − Q，市场上有 A、B 两个企业，它们的成本函数同为 C（q）。如果 A、B 结成卡特尔，它们的决策就等同于一个拥有两个工厂的垄断企业的决策，即边际收益与每一个企业的边际成本相等，即：$MRq_1 + q_2 = MC_1（q_1）= MC_2（q_2）$。在这样的产量决策下，卡特尔实现了垄断利润的最大化。

二　美国卫星产业中的卡特尔

美国国会、五角大楼和 NASA 的长期目标就是吸引新的卫星企业加入到政府军方合同的竞争中来。但根据著名咨询公司 Govini 调查显示，联邦政府投在航天项目上的资金仍被为数不多的承包商掌控。尽管美国反托拉斯的立法、执法都比较严格，但是在美国卫星产业中垄断寡头之间的价格合谋依然存在，尤其是运载火箭发射方面，直至 2016 年 SpaceX 公司获得美国空军发射合同之后而逐渐有改观。美国卫星产业中主要有波音公司和洛克希德·马丁公司及二者联合创办的联合发射联盟等航天巨擘。

波音公司（The Boeing Company）是由威廉·爱德华·波音（William Edward Boeing）于 1916 年 7 月创立的，总部位于美国伊利诺伊州的芝加哥，是全球最大的航空航天业公司，也是世界领先的民用飞机和防务、空间与安全系统制造商，以及售后支持服务的提供商。下设三个业务部门：民用飞机集团，防务、空间与安全集团，以及波音全球服务集团，而波音金融公司负责支持这些业务集团。波音的产品及定制服务业务范围很广，包括民用和军用飞机、卫星、武器、电子和防御系统、发射系统、先进信息和通信系统以及基于性能的物流和培训等。波音公司一直是航空航天业的领袖公司，也素来有着创新的传统。作为美国最大的制造出口商，波音公司为分布在全球 150 多个国家和地区的航空公司和政府客户提供支持。在美国境内及全球超过 65 个国家和地区共有员工 14 万人以上（人员数量统计见表 5 – 1）。这是一只非常多元化，人才济济且富有创新精神的队伍。

表 5 – 1　　　　　　　2022 年 1 月波音公司员工数量统计　　　　（单位：人）

民用飞机集团	国防、太空与安全集团	全球服务集团	企业	总计
35926	14891	18271	72494	141582

数据来源：波音公司官网 http：//www. boeing. cn/。

　　波音公司制造适应性强的卫星以满足不断变化的业务需要并完成最尖端的任务。波音已经进入了为军事、商业和科学用途提供先进空间和通信系统的成熟阶段。波音卫星可靠地在全球范围内提供数字通信、移动通信、宽带互联网连接、流媒体娱乐和直接入户娱乐。该公司于 2019年推出的"BSS – 702"卫星平台是一个功能强大、可扩展的产品，灵活的设计可以使其在地球同步、中地球或低地球轨道平面上运行。波音商业卫星设计和销售用于商业电信、宽带、科学和环境应用的通信卫星和有效载荷。波音公司建造的航天器中包括语音和视频通信、流媒体视频内容和直接入户娱乐。近年，波音公司在卫星产业领域的成果有：制造O3b mPOWER 卫星，这是一个由 11 颗卫星组成的星座，将为全球几乎没有互联网接入的"其他 30 亿人"提供高性能数据通信覆盖；ViaSat – 3 是三个高功率 702 卫星平台与 ViaSat – 3 有效载荷集成，可为商业航空公司、公务机和高价值的政府交通工具提供行业领先的入户服务和媒体视频服务；SES 20/21 是两颗整装待发的 C 波段通信卫星，以帮助联邦通讯委员会（FCC）迁移频谱，用于地面 5G 网络建设。波音的政府卫星系统为政府客户的国家安全行动，包括情报、监视、侦察和通信提供服务，为美国政府及其盟友实现高容量宽带连接的受保护宽带系统。现代情报收集和战争需要即时、安全、可靠的实时连接。凭借先进的相控阵设计和抗干扰技术，波音卫星使作战人员和政府决策者在复杂环境中不受限制地访问和连接。

　　洛克希德·马丁公司，全称洛克希德·马丁空间系统公司（Lockheed Martin Space Systems Company，LMT），是一家美国航空航天制造商。1912 年 8 月，由格伦·马丁（Glenn L. Martin）在加利福尼亚州洛杉矶成立了 Glenn L. Martin 公司。他在一个租来的教堂里建造了第一架飞机后创办了该公司。四个月后，1912 年 12 月，在四百英里之外的艾伦（Allan）和马尔科姆·洛克希德（Malcolm Lockheed）成立了艾可水上飞机公司（Alco Hydro-Aeroplane Company），后来更名为洛克希德飞机公司（Lockheed Aircraft Company）。初代创业者在车库里工作，建造的水上飞机却能打破水上飞行的速度和距离记录。从一个教堂和一个车库这些简陋的地方开始，历经近百年发展至今。洛克希德·马丁公司拥有四个行业领先的业务领域（航空学、导弹与火力控制、旋转与任务系统和航天）、11 万名员工以及遍布 54 个国家的 375 多个设施。大约 93% 的员工在美国，16000 家供应商中的员工 93% 也在美国，这使洛克希德·马丁公司成为美国经济发展机会的推动者。其与 50 个州的 15500 家供应商的合作伙伴关系是促进美国经济和劳动力增长的关键贡献者。洛克希德·马丁公司设计天基的系统能够在快速演变的危险环境中提供可靠的服务。而且，由于客户新的快速获取程序和我们的现代开发技术，这些系统将更快、更经济地进入太空。该公司已经交付了 300 多个有效载荷，支持关键的国家任务，提供最有效安全的全球网络。洛克希德·马丁公司制造的卫星可提前发出恶劣天气预警，为战场上的部队建立联系，并向全球数百万人提供 GPS 导航。拥有 11 个前往火星的轨道飞行器和着陆器，参与 NASA 对火星的每一次任务，现在正在建造 NASA 的猎户座宇宙飞船，准备 2024 年将第一位女性和第二位男性送上月球。正在发展"有弹性和受保护"的天基能力，以确保美国及其盟友在动态的、渴求数据的战场空间中保持联系。建立了弹性网络，可以快速连接跨多个领域的关键数据，以预测和破坏对手。在当今的空中、太空、海洋、陆地和网络任务中收集了大量的信息，处理和分析如此大量的、多个安全级别的数据是一个挑战。该公司可以超便捷的同步主要系统和关键数据源，使作战人员能够快速做出决策。卫星系列主要有 ML 2000、ML 4000、ML 8000 及 A2100 等。

联合发射联盟（United Launch Alliance，ULA）成立于 2006 年 12 月，是由洛克希德·马丁公司和波音公司各出资 50% 成立的一家合资企业。波音公司和洛克希德·马丁公司在太空领域曾经是多年的竞争对手，到 20 世纪 90 年代，他们在运载火箭方面的竞争已经升级为激烈的争执。竞争于对抗在 2003 年达到顶峰，当时洛克希德公司起诉波音公司涉嫌窃取其专有定价数据以在美国空军"进化型消耗性运载火箭"（EELV）竞争中获胜，空军随即禁止波音公司竞争两年内新的发射合同。2006 年合资后，两家公司通过垄断合资企业 ULA 作为一家政府发射服务公司运营。波音公司加利福尼亚州亨廷顿海滩工厂的 900 名 Delta 火箭经理和工程师中 43% 的人同意向东迁移，移至位于丹佛的洛克希德·马丁的沃特顿厂区。Delta 火箭管理团队的搬迁于 2007 年 5 月开始进行，这标志着联合发射联盟对 Atlas 和 Delta 火箭工程和生产流程进行的全面整合迈出第一步。沃特顿厂区是洛克希德·马丁公司的所在地，在这里建立 Atlas 和 Delta 火箭的工程和管理中心。最终，位于沃特顿和圣地亚哥的 Atlas 制造活动将转移到波音公司位于亚拉巴马州迪凯特的工厂，那里也是 Delta 火箭的制造地。联合发射联盟意在通过精简两家昔日作为竞争对手的多余人力和制造资源，共同经营一家公司实现双赢。ULA 会集了在该领域内最成功、经验最为丰富的两个团队：洛克希德·马丁的 Atlas 团队和波音的 Delta 团队，客户主要有美国国防部、NASA 以及其他商业公司和组织。然而，合并效果并未如预期般令人满意，在短暂的盛放后，随着行业的新进入者不断发展壮大，联合发射联盟在成本上与 SpaceX 的"猎鹰 - 9"火箭竞争并无优势。在"猎鹰 - 9"发射费用收取 6200 万美元的时期，Atlas - 5 火箭发射的费用是其两倍多。联合发射联盟的 Delta 火箭甚至比 Atlas - 5 的发射价格还要贵。ULA 在国家安全太空发射领域的垄断地位下降，而商业发射却需求不足，只能寄希望于一些商业客户愿意为 ULA 的高可靠性支付额外费用。

卫星的发射离不开运载火箭支持，对运载火箭的需求包括发射卫星、太空探索、太空旅行三类，其中发射卫星是最主要的需求来源。美国私营火箭制造的发展居全球前列，这与 NASA 的战略投资密切相关。早在 20 世纪七八十年代，为支持航天飞机项目，美国政府要求所有载荷都用航天飞机发射，停用其他运载工具。在政府政策下航天飞机独步天下，美国运载火箭生产线逐步停产，NASA 的航天飞机在发射市场处于垄断地位，而运载火箭发展陷入停滞。1986 年，挑战者号航天飞机失事导致航天飞机发射暂停，运载火箭产业逐渐恢复。1995 年，美国国防部（DOD）开始实施 EELV 项目，资助了波音、洛克希德·马丁两家公司。长期以来，美国太空发射为波音公司和洛克希德·马丁公司所垄断，两公司占据了美国 80% 以上的卫星发射市场，但 2005 年卫星发射需求严重不足，在联邦政府的支持下，这两大巨头在 2006 年合资成立了美国联合发射联盟（ULA）。ULA 集合了洛克希德·马丁"宇宙神"和波音"德尔塔"这两大美国运载火箭的最成功系列，此后近十年内，ULA 独揽美国空军、NASA 和其他政府机构的火箭发射项目，不但发射费用昂贵，而且从下订单到实际发射，还得再等上将近 30 个月的时间。

在 Govini 咨询公司 2018 年公布的《太空平台与高超音速技术分类》报告显示，美国政府 2011 财年至 2017 财年，在太空平台与高超音速技术上的投入为 830 亿美元。[①] 2011—2017 年间共有 5 家新企业进入前 15 名排行榜，如：SpaceX 公司、United Technologies 公司、Harris 公司、SGT 公司和 Raytheon 公司（见图 5 - 3）。洛克希德·马丁、波音与美国联合发射联盟公司（ULA）拿到了所有合同额的一半以上。太空探索技术公司（SpaceX）2017 年位列第四，成为"新航天"企业，并逐步成为争夺政府订单的佼佼者。从 6 年间市场份额的增长幅度来看，联合发射联盟公司可谓大赢家。按照 Govini 公司的计算，该公司单笔合同的平均合同额从 2011 年的 1010 万美元提高到 2017 年的 2360 万美元，占全部运载市场的 49%。联合发射联盟公司充分利用了其在中型运载这一细分市场上的地位，在 2011—2017 财年总共取得了 146 亿美元的联邦合同，在市场份额排名中居于首位。从 2011—2017 财年，联合发射联盟公司超越波音，成为总合同额排名最高的厂家。借助 NASA 的"猎户座"飞船项目合同，洛克希德·马丁公司原本以太空科学和国家安全卫星为主的

---

① Govini 官网，Space Plateform（2016 - 12 - 30）［2019 - 03 - 15］，https：//www. govi-ni. com/research-form/？post_ title = SPACE + PLATFORMS + % 26% 23038% 3B + HYPERSONIC + TECHNOLOGIES + TAXONOMY&post_ link_ redirect = https 3A% 2F% 2Fwww. govini. com% 2Fres earch-item% 2Fspace-platforms-hypersonic-technologies-taxonomy% 2F&post_ id =4240。

业务变得更加多样化。

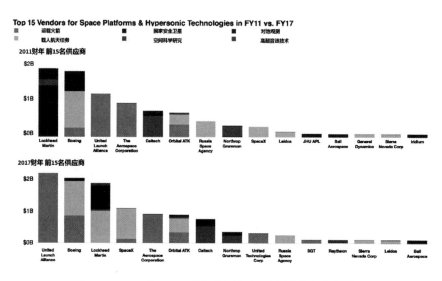

图 5 - 3　2011 与 2017 财年美国太空平台供应商业务对比

三　对卫星产业卡特尔的突破

为打破美国卫星巨擘之间的卡特尔，美国政府大力扶持新兴卫星企业发展并卓有成效。美国卫星产业中的新进入者主要有太空探索技术公司（SpaceX）、蓝色起源公司（Blue Origin）、轨道科学公司（Orbital Sciences Corporation）和维珍轨道公司（Virgin Orbit）等私营公司，这些公司的出现使得市场竞争加剧，对产业中的卡特尔形成冲击作用。

1. 私营卫星企业百花齐放

太空探索技术公司（SpaceX）由创始人埃隆·马斯克（Elon Musk）于 2002 年 6 月建立，总部设在美国内华达州的霍索恩。该公司是一家设计、制造和发射先进的火箭和宇宙飞船的商业航天公司。该公司以革新太空技术为目标，最终目标是实现太空飞行。公司的主要代表性产品有"灰背隼"（Merlin）发动机、卫星星座"星链"（Starlink）及"星盾"（Starshield）、运载火箭"猎鹰 - 1"（Falcon - 1）和"猎鹰 - 9"（Falcon - 9）、超重型火箭和"星舰"（Starship）等。20 多年前公司成立时，专注于小型火箭发射，让"猎鹰 - 1"号火箭与其他小型运载火箭开发商竞争，包括销售改装洲际弹道导弹（ICBM）的俄罗斯公司。中型"猎鹰－9"号则瞄准更大的商业和政府客户，使 SpaceX 与美国政府业务的联合发射联盟和商业合同的阿丽亚娜航天公司展开了激烈竞争。但是，即使是小型运载火箭行业仍然对 SpaceX 公司保持警惕，因为虽然该公司很久以前就搁置了"猎鹰－1"号，但其"猎鹰－9"号的拼车服务所提供的小卫星进入轨道的价格远低于其他公司专用的小型发射器。这些公司现在必须向客户解释，如果价格不比 SpaceX 的拼车服务便宜，那么能够提供哪些与高价相称的优质服务。同时，SpaceX 公司通过"星链"进军卫星宽带领域，开辟了全球竞争的第二战场。虽然这些系统仍在开发中，但现在 SpaceX 与 OneWeb 和 Telesat 等传统的地球静止轨道卫星运营商，在向美国联邦通信委员会提交的文件中展开了激烈竞争。NASA 选择 SpaceX 的"星舰"作为将"阿尔忒弥斯"项目中送宇航员上月球的月球着陆器，这又创造了另一个竞争舞台。当 NASA 选择 SpaceX 公司（并且只有 SpaceX）用于载人着陆系统（HLS）计划时，Blue Origin 和 Dynetics 公司都向美国政府问责办公室提出了抗议。

　　蓝色起源公司（Blue Origin）是在 2000 年由亚马逊 CEO 杰夫·贝索斯（Jeff Bezos）创立的，总部位于美国华盛顿州肯特市。该公司致力于开发可重复使用的运载火箭和安全、低成本的太空系统，以满足所有民用、商业和国防客户的需求。蓝色起源的航天业务包括，用"新谢泼德"（New Shepard）火箭将宇航员送往太空，生产可重复使用的液体火箭发动机，用"新格伦"（New Glenn）号开发轨道运载火箭，建造下一代太空栖息地，以及返回月球表面等。自 2012 年以来，Blue Origin 公司一直在对"新谢泼德"火箭及其安全系统进行飞行测试。该计划已经连续成功执行了 22 次任务，其中包括 3 次成功的逃生测试，表明机组人员逃生系统可以在飞行的任何阶段安全启动。2015 年 11 月，"新谢泼德"火箭的成功发射并回收，使得 Blue Origin 公司成为全球首家取得回收成功的公司。2021 年 7 月 20 日，该公司进行了"新谢泼德"火箭的首次载人发射，公司创始人杰夫·贝佐斯和其他三人进行了一次亚轨道飞行。"新谢泼德"火箭于东部时间上午 9 点 12 分从蓝色起源公司位于德克萨斯州西部的 Launch Site One 发射升空，执行编号为 NS - 16 的任务。名为"RSS 第一步"（RSS First Step）的乘员舱与其助推器分离并达到 107 公里的最高高度，然后通过降落伞下降，在升空 10 分 10 秒后返回着陆。升空后将近七分半钟，助推器进行了动力着陆。联合发射联盟与 Blue Origin 合作开发 BE - 4 液氧甲烷发动机，目前 Blue Origin 正在德克萨斯州范霍恩的工厂进行全面的发动机开发测试，亚拉巴马州亨茨维尔的新发动机制造工厂则将全速生产。

维珍轨道公司（Virgin Orbit），是英国富豪理查德·布兰森（Richard Branson）旗下航天企业维珍银河公司（VirginGalactic）的子公司，此前曾测试了"太空船 2 号"旅游飞船。该公司通常发射入轨的卫星质量为 300—500 千克，可以直接支持的轨道倾角范围为 0°—120°，美国制造的系统颗达到的百分比为 100%，"发射器一号"（LauncherOne）火箭的总推力可达到 80000 磅。该公司于 2017 年创立，2021 年开始商业服务，目前已将商业、民用、国家安全和国际卫星送入轨道，并于 2021 年 12 月 30 日完成上市交易并在纳斯达克证券交易所开始交易。维珍轨道公司的"发射器一号"火箭在加利福尼亚州长滩设计和制造，由经过改装的 747—400 运载飞机进行空中发射，使维珍轨道公司能够在世界各地运营，竭力满足客户需求。在 2022 年 1 月的"云端之上"任务期间，其"发射器一号"火箭成功发射了 7 颗客户卫星，这是该公司第三次成功发射。2021 年全年收入增至 740 万美元，高于 2020 年的 380 万美元。2020 年全年净亏损为 1.573 亿美元，而 2021 年净亏损为 1.217 亿美元，亏损状况有所好转。签署的合同也越来越多，包括 NASA 的发射服务计划任务等。2023 年 1 月 9 日，维珍轨道公司首次在查德·布兰森的祖国——英国进行卫星发射，虽然以失败告终，但却是一次有突破性的尝试。

轨道科学公司（Orbital Sciences Corporation，OSC），由戴维·汤普森（David Thompson）、布鲁斯·弗格森（Bruce Ferguson）和斯科特·韦伯斯特（Scott Webster）于 1982 年创立，其总部位于美国弗吉尼亚州劳顿县非特许自治的杜勒斯区，是一家专门制造和发射卫星的美国公司。它的卫星发射系统对于美国导弹防御系统有着重要影响。2013 年 4 月，该公司制造的第一枚私人安塔瑞斯（Antares）火箭从位于弗吉尼亚州瓦洛普斯岛的海边发射场发射升空。2014 年 10 月，携带美国"天鹅座"（Cygnus）宇宙飞船的安塔瑞斯运载火箭在弗吉尼亚州瓦勒普斯岛发射失败。2014 年 4 月，轨道科学公司（OSC）与军工厂商阿联特技术系统公司（ATK）合并，合并后的公司更名为轨道 ATK 公司（Orbital ATK），轨道 ATK 公司又于 2017 年被诺斯罗普·格鲁曼公司收购。

诺斯罗普·格鲁曼公司（Northrop Grumman）是诺斯罗普公司收购格鲁曼公司后于 1994 年组建的。该公司是全球闻名的军工生产厂商，世界上最大的雷达制造商和最大的海军船只制造商。主要为美国和盟国的军方、政府和商业客户提供系统化防卫电器和信息技术的创新解决方案。2022 年 2 月美国太空部队授予诺斯罗普·格鲁曼公司一份价值 3.41 亿美元的合同，用于开发"深空先进雷达能力"（DARC）项目。2020 年 6 月，NASA 向诺斯罗普·格鲁曼公司签发了一份价值 1.87 亿美元的居住和后勤前哨（Habitation and Logistics Outpost，HALO）模块合同，NASA 认为该公司是唯一一家准备好模块以支持该机构到 2024 年让人类重返月球计划的公司。HALO 模块将作为访问月球"门户"（Gateway）的宇航员的初始栖息地。该模块被 NASA 定义为一个小型单间公寓的大小，将能够支持乘坐"猎户座"飞船抵达的机组人员的短期停留。"门户"是 NASA "阿尔忒弥斯"计划架构的关键组成部分，而 HALO 模块功能进一步推进在月球上进行人类探索计划的进程，为未来的火星任务做准备。

火箭实验室（Rocket Lab）由新西兰人彼得·贝克（Peter Beck）创立于 2006 年 6 月，总部位于加利福尼亚州长滩，在弗吉尼亚、新墨西哥、科罗拉多、马里兰、多伦多和新西兰设有先进制造和任务运营中心等设施，号称全球第二大商业卫星发射服务商。可提供可靠的发射服务、航天器、卫星组件和在轨管理。研发的"电子"（Electron）运载火箭是美国发射频率第二高的火箭。目前，正在开发下一代大型运载火箭"中子"（Neutron），以执行发射未来的星座和大型航天器任务，为地球提供重要数据和服务。火箭实验室是经过飞行验证的卫星、子系统和航天器组件的主要供应商。该公司广泛的中小型航天器平台系列支持商业、民用和国防市场的广泛任务概况。火箭实验室的空间系统技术已在全球范围内完成了 1700 多项任务，从詹姆斯韦伯太空望远镜等复杂的行星际科学航天器到关键通信星座都有他们的身影。火箭实验室自 2017 年 5 月 25 日在新西兰首飞失败后，不断总结经验，于 2018 年 11 月 11 日，首次商业发射成功，一次发射 7 颗小卫星。又于 2020 年 11 月 19 日，从新西兰马希亚半岛的火箭实验室 1 号发射场，成功发射了其"电子"火箭，将 29 颗小卫星部署到距地 500 千米的太阳同步轨道上，同时首次尝试采用降落伞回收第一级火箭即获成功。

数字地球公司（DigitalGlobe）成立于 1995 年 3 月，总部设在美国的科罗拉多州，是一家全球领先的商用高分辨率地球影像产品和服务供应商，后因并购归于 Maxar 公司。数字地球公司的影像解决方案利用先进的自有卫星群提供的数据，支持在国防和情报、民间机构、地图制作和分析、环境监测、油气勘探、基础设施管理、互联网门户网站以及导航技术领域的广泛应用。借助其自有卫星群及全面的影像库（包含 40 亿平方公里以上的地球影像和相关产品），公司可提供一系列的在线和离线产品和服务，让客户可以方便地访问其影像并将其集成到自己的业务运营和应用中。经过几十年的发展，已经从一家初创公司成长为业界颇有声望的跨国公司。数字地球公司为客户提供三类服务：安全观察（SecureWatch）是其入门级产品，可让客户访问公司的在线数据档案以及由公司和合作伙伴运营的卫星捕获的日常图像；快速访问程序（Rapid Access Program）是一个基于云的平台，允许客户在线计划图像收集。通过位于马里兰州格林贝尔特的航空航天软件开发商 Orbit Logic 开发的平台界面，客户可以在图像采集前 90 分钟或更长时间修改他们的采集计划，然后下行传输并处理图像，并在 6 个小时内通过在线平台将其交付给快速访问计划客户；最高级别服务为直接访问程序（Direct Access Program），客户会收到一个地面终端，当公司的卫星从头顶经过时直接向其发送任务并直接下载图像，这对于必须快速获取图像的任务非常有效。

Maxar、Planet Labs、BlackSky Global 三家公司并称为美国遥感卫星

数据行业的三大巨头。美国国家侦察办公室（NRO）在 2022 年 5 月授予了这三家公司 10 年提供图像的合同。

美国太空技术公司（Maxar Technologies，Maxar）目前已经成功发射了 7 颗光学卫星，数据可覆盖全球，涵盖了全色、多光谱、近红外等多个波段。其中全球闻名的 WorldView - 3（原归属于 DigitalGlobe 公司）号称世界上分辨率最高的商业遥感卫星，其全色图像的最高分辨率可达 0.31 米，还可提供 8 波段短波红外影像和 12 个 CAVIS 波段影像。这种分辨率可以区分轿车、运动型多用途汽车、摩托车和卡车。Maxar 公司现有 4 颗商业遥感卫星，包括 2007 年 9 月发射的 WorldView - 1 卫星（分辨率为 50 厘米），2009 年 10 月发射的 WorldView - 2 卫星（分辨率为 40 厘米），2014 年 8 月发射的 WorldView - 3 卫星（分辨率为 30 厘米），以及被 DigitalGlobe 收购的 GeoEye 公司的 GeoEye - 1（分辨率为 40 厘米）和 GeoEye - 2 卫星（已失效），GeoEye - 2 更名为 WorldView - 4 卫星（2016 年 11 月发射入轨，由于控制力矩陀螺仪故障无法继续使用，2019 年 1 月宣布卫星失效）。除此之外，该公司还拥有 MDA 公司的雷达卫星 Radarsat - 2，可以使用 Radarsat - 2 对船只进行广域搜索，然后用光学技术对这些船只进行分析。卫星和地面终端之间有联系，可以在 20 分钟或更短时间内，近乎实时地下载全球 95% 的陆地数据。该公司计划斥资 6 亿美元陆续发射由 6 颗高性能卫星组成的下一代卫星群"世界观察军团"（WorldView Legion），包括发射和地面系统开发，将首批 6 颗世界观察军团卫星的图像收集量增加两倍，分辨率达到 0.3 米，同时每天提供 15 次特定地区的图像。相比之下，已失效的单卫星 WorldView - 4 计划标价 8.5 亿美元。每颗 WorldView Legion 卫星预计收集的图像数量大约是 WorldView - 4 的一半。

美国行星实验室公司（Planet Labs）成立于 2010 年，总部位于旧金山，是一家商业遥感公司，当时名为 Cosmogia，后来更名为 Planet Labs。该公司在美国、英国、德国、新西兰和澳大利亚设有 5 米长的 X 和 S 波段地面站。行星实验室的座右铭是"早点发射，经常发射"，不过它并不是轨道垃圾的输送者，其严格的监管及其在轨道上的表现受到国际电信联盟（ITU）的表扬。

行星实验室主要从事提供来自立方体卫星级航天器的中等分辨率图像，并计划开发一个能够每天对整个星球成像的星座。主要产品和业务包括以下六个方面：行星监测，是由该公司的 PlanetScope 星座拥有大约 200 颗在轨运行的 Dove CubeSat 卫星，可以从上方连续完整地观察世界，利用这个全球性的日常数据集来查看和了解地球上的日常变化；行星任务，提供的图像分辨率为 50 厘米，可为组织提供实时情报，以主动识别盲点、预测事件并对下一个关键任务决策充满信心；行星基础图，可为客户的应用程序和分析提供无缝的基础图，这些基础图是由广泛区域的最新图像构建的。通过每日的全球成像，公司将选择最佳像素，并将其转换为视觉一致且科学准确的马赛克，从而支持时间序列分析和机器学习驱动的分析；行星分析提要，主要是利用深度学习从全球范围内的图像中识别感兴趣的对象和特征，使客户能够确定资源的优先级并根据可用的最新见解采取行动；星球档案馆，是向客户提供快速变化的地理空间洞察，为组织提供必要的数据，以做出明智、及时的决策。使用图像可以监视感兴趣的领域，验证实地信息，并发现与自己的组织相关的趋势；行星平台，是基于云的自动化图像和分析平台每天下载、处理和管理超过 15TB[①] 的数据。平台的速度和灵活性使客户能够大规模高效地访问、发现和构建解决方案。并且，该公司计划推出高光谱产品，旨在支持企业和政府更好理解人类活动及其经济和环境影响的方式。两颗"唐纳雀"（Tanager）卫星将加入公司 200 颗的强大卫星舰队，以获取前所未有的洞察力。宽光谱范围和窄光谱带与 PlanetScope、SkySat 和即将发射的 Pelican 高分辨率星座的时间和空间覆盖完美互补，为决策者提供关键信息。

黑空公司（BlackSky Global），在弗吉尼亚州赫恩登和西雅图设有办事处，是一家拥有七年历史的地理空间数据提供商，自称为"全球监

---

① TB 是一种资讯计量单位，1TB 等于 1024GB，通常用于标示网络硬盘总容量，或具有大容量的储存媒介之储存容量。

控"公司。国家侦察办公室（NRO）是黑空公司的主要目标客户，该公司是 2019 年获得国家侦察办公室研究合同的几家供应商之一。黑空公司拥有 14 颗在轨卫星（截至 2023 年 1 月），可以为大多数主要城市提供 1 米分辨率的图像，每小时可以重访一次。该公司的长期目标是运营一个由 60 颗卫星组成的星座，这将把重访时间缩短到 10—15 分钟，并将分辨率提高到一米以下。该公司认为如果目标是监控设施，则分辨率不如重访率重要。对于一些政府客户，需要提供更高分辨率的图片，该公司计划在未来推出半米卫星。因为很多监测任务的最佳点是在 50 厘米到 1 米之间，这也是该公司的下一代卫星将达到 50 厘米的部分原因。黑空公司将于 2023 年发射新的成像卫星，其中一颗卫星将专门由美国陆军用于测试和实验。与目前提供一米图像的第二代卫星相比，第三代卫星将生成分辨率为 50 厘米的图像。该公司与陆军合作的项目被称为"战术地球情报"（Tactical Geoint），是该公司赢得更多政府合同战略的重要组成部分。

2. SpaceX 公司与航天巨擘的竞争

在一众私营卫星企业中，SpaceX 公司的发展势头最为强劲，探索火箭的可回收技术并取得了进展，进一步降低了发射费用，被誉为开启了廉价太空探索和商业航天运输飞行的新时代。同时，火箭发动机市场格局发生了重大变化，SpaceX 公司自己研制"灰背隼"发动机，联合发射联盟也在与蓝色起源合作研制低成本的 BE－4 液氧甲烷发动机，因火箭发动机需求完全被下游厂商掌握，而下游厂商正在向中游拓展，原来具备垄断优势的公司下游市场需求正在遭遇严重危机。

2014 年，SpaceX 与波音公司一起获得了 NASA 共计 68 亿美元的"太空的士"项目合同，其中，SpaceX 合同价值 26 亿美元。美国军事卫星发射合同被联合发射联盟垄断的局面，直至 2016 年美国空军向 SpaceX 授予 GPS 卫星合同而有改观。联合发射联盟过去十余年一直是美国空军的独家卫星发射供应商。2016 年 4 月，美国空军向 SpaceX 授予 8300 万美元的卫星发射合同，打破了洛克希德·马丁和波音的合资公司联合发射联盟在美国军事太空发射领域长达十多年的垄断。美国军方希

望 SpaceX 加入与联合发射联盟的竞争，以降低发射费用。美国空军太空
与导弹系统中心负责人萨缪尔·格雷夫斯（Samuel Greaves）说："我们
认为，此次任务的合同价格大约比政府之前的估算低了40%"。为了与
SpaceX 和其他创业公司展开竞争，联合发射联盟正在压缩成本，并改装
该公司的火箭。该公司已经升级了宇宙神－5 火箭，将每次发射成本压
缩到1亿美元以下，同时还压缩了德尔塔－4 火箭的发射费用。联合发
射联盟的 CEO 托里·布鲁诺（Tory Bruno）表示，该公司计划在2017年
底之前裁员875人，约占其员工总数的四分之一，以便更好地与 SpaceX
和杰夫·贝佐斯（Jeff Bezos）运营的蓝色起源公司（Blue Origin）展开
竞争。

　　由于联合发射联盟垄断导致发射价格急剧上升，发射费用约为1
亿美元且等候时间长。在美国政府政策支持和 NASA 技术支持下，美
国私营航天企业 SpaceX、轨道 ATK 公司大举进军商业发射市场并获成
功，其中 SpaceX 近五年占据了近40%的太空市场。在开放竞争阶段，
私营航天企业 SpaceX 大获成功，大幅降低商业化成本。另外，维珍银
河、美国火箭实验室等公司主要瞄准小卫星发射市场，致力于小型运
载火箭研制。

　　经过多年发展，以 SpaceX 公司为代表的私营企业在商业领域和军事
领域都取得骄人业绩。SpaceX 公司在2022胡润世界500强 TOP100 排行
榜中位列第81位，且与政府和军方开展密切合作，获取政府订单能力逼
近联合发射联盟。2023年1月，SpaceX 的"猎鹰－9"火箭搭载美国太
空部队第三代 GPS（GPSⅢ）卫星从佛罗里达州卡纳维拉尔角太空部队
站的40号航天发射场发射升空。"猎鹰－9"火箭发射的卫星是洛克希
德·马丁公司制造的 GPSⅢ型卫星组成的 GPS 星座，在海拔12550英里
的中地球轨道上运行，为军方提供定位、导航和定时信号，也可服务于
平民用户。此次 GPSⅢ－6 的发射是 SpaceX 的第5次执行 GPSⅢ任务，
也是该公司2023年的第二次国家安全太空发射任务。SpaceX 此前曾根
据2016年和2018年授予的合同发射了4颗 GPSⅢ卫星，均是使用"猎
鹰－9"火箭发射获得成功。第一次发射是2018年12月23日发射 GPS

Ⅲ-1，第二次和第三次分别在 2020 年 6 月 30 日和 11 月 5 日发射了 GPSⅢ-3 和 GPSⅢ-4，第四次是 2021 年 6 月 17 日发射 GPSⅢ-5。在"猎鹰-9"发射五次后，下一颗 GPSⅢ-7 将被联合发射联盟的"火神"（Vulcan Centaur）火箭送入轨道。根据授标时间和"火神"火箭尚不确定的发射时间表，GPSⅢ-7 最早将于 2024 年发射。GPSⅢ-2 也是由联合发射联盟发射的，在 2019 年 8 月 22 日，由 Delta-4 火箭成功发射。根据国家安全太空发射第二阶段协议，联合发射联盟于 2022 年 5 月收到了任务订单，该协议将联合发射联盟和 SpaceX 之间的国家安全任务进行了分成，其中联合发射联盟中标约六成，SpaceX 中标约四成。两家公司在 2020 年赢得国家安全航天发射（NSSL）二期发射服务采购合同。联合发射联盟的五项任务订单价值 5.66 亿美元，SpaceX 的三项任务订单价值 2.8 亿美元。这八项发射服务的资金来自美国太空部队、导弹防御局、太空发展局和国际合作伙伴（见表 5-2）。

表 5-2　　　　　　　　　国家安全太空发射任务分配

任务名称	细节	完成单位
GPSⅢ-7	将使用"火神"火箭从东部发射场发射到中等地球转移轨道	ULA
USSF-16	所有机密任务都将使用"火神"火箭从东部发射场发射	
USSF-23		
USSF-43		
WGS-11	宽带全球卫星通信（WGS-11）军用通信卫星将在"火神"火箭上从东部发射场发射到地球同步转移轨道	
USSF-124	美国太空部队和导弹防御局的任务将由"猎鹰-9"火箭从东部发射场发射到近地轨道	SpaceX
USSF-62	该任务包括第一颗军用天气系统后续（WSF）卫星，将由"猎鹰-9"火箭从西部发射场发射到极地轨道	
SDA Tranche 1	航天发展局的 Tranche 1 传输层通信卫星星座的一批小卫星。该任务将使用"猎鹰-9"火箭从西部发射场发射到极地轨道	

资料来源：笔者汇总编制。

突破卡特尔实现开放性竞争为美国卫星产业迎来崭新的前景。2018年2月，美国太空探索技术公司（SpaceX）首枚"猎鹰重型"火箭（"猎鹰重型"火箭与其他运载火箭参数见表5－3）在肯尼迪航天中心发射成功。这是美国自与苏联展开太空竞赛以来，全球最大的运营火箭首次由一家私营公司设计和制造，是美国卫星产业对卡特尔突破的重要标志。

表5－3　　　　　　　　美国主要运载火箭参数对照　　　　（单位：吨；美元）

	宇宙神－5	德尔塔－4	猎鹰－9	"猎鹰重型"火箭
近地轨道运载能力	覆盖7.34—19.05	覆盖9.1—23	22.8	63.8
同步转移轨道运载能力	覆盖4.95—13	覆盖4.2—13.1	8.3	26.7
单发最低价格	1.09亿	4.6亿	6200万	9000万

资料来源：龙雪丹等：《"猎鹰重型"火箭成功首飞及未来应用前景分析》，《国际太空》2018年第3期。

"猎鹰重型"火箭为美国政府提供重要机遇，以实现经济可负担和可持续的太空探索和发展目标。若"猎鹰重型"火箭验证了其可靠性并且最终投入使用，可为NASA的深空探索和发展目标提供能力支撑，这是目前世界上运载能力最大的火箭，同时也将美国运载能力提升至一个新的高度，促进美国运载火箭市场的良性竞争。[1] 从发展历程上看，美国运载火箭业历经了从多方混战、政府垄断、巨头竞争、巨头垄断再到开放竞争五个阶段（见图5－4），每个阶段的转变都由政府主导，政府政策对运载火箭产业影响非常大。

---

[1] 龙雪丹、曲晶、杨开：《"猎鹰重型"火箭成功首飞及未来应用前景分析》，《国际太空》2018年第3期。

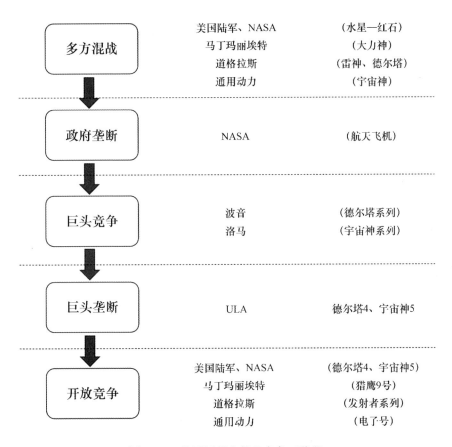

多方混战	美国陆军、NASA	（水星—红石）
	马丁玛丽埃特	（大力神）
	道格拉斯	（雷神、德尔塔）
	通用动力	（宇宙神）

| 政府垄断 | NASA | （航天飞机） |

| 巨头竞争 | 波音 | （德尔塔系列） |
| | 洛马 | （宇宙神系列） |

| 巨头垄断 | ULA | 德尔塔4、宇宙神5 |

开放竞争	美国陆军、NASA	（德尔塔4、宇宙神5）
	马丁玛丽埃特	（猎鹰9号）
	道格拉斯	（发射者系列）
	通用动力	（电子号）

图 5 - 4　美国运载火箭业竞争五阶段

第三节　本章小结

本章主要利用 SCP 范式对竞争与协调并存的美国卫星产业展开了市场行为（C）分析。

首先，从兼并的含义、卫星产业兼并的特征与类型出发，阐述了横向一体化与纵向一体化的表现差别，一体化过程中产生的管理协同效应、经营协同效应和财务协同效应，以及企业兼并对卫星产业市场结构的影响。这种影响对美国卫星产业市场而言，尽管某些情况下会有促进竞争作用，但从整体实际情况来看，主要是以加强市场集中度为主。

其次，论述了以卡特尔为代表的美国卫星产业市场中的协调行为，以及美国政府为突破卡特尔而做出的努力。一般情况下，同处于卫星产业中的企业之间存在着竞争关系，但是，在某些特殊情况下，企业之间通过合谋、相互妥协以求实现对彼此共同有利的目标，卡特尔可以实现垄断利润的最大化。例如，美国波音公司、洛克希德·马丁公司两公司几乎占据了美国80%以上的卫星发射市场份额。两公司合资成立的联合发射联盟几乎独揽美国空军、NASA和其他政府机构的火箭发射项目，不但发射费用昂贵，而且从下订单到实际发射，还得再等上将近30个月的时间，效率低下。为打破美国卫星巨擘之间的卡特尔，美国政府大力扶持新兴卫星企业发展并卓有成效。SpaceX公司在探索火箭的可回收技术方面取得了突破性进展，进一步降低了发射费用，开启了廉价商业航天运输新时代。美国卫星产业商业化程度高，产业市场成熟，虽然仍存在垄断寡头，但私营企业的进入激励了市场竞争行为，改善了过度集中的市场结构。美国卫星产业中主要有波音公司和洛克希德·马丁公司及二者联合创办的联合发射联盟等航天巨擘。但也不乏美太空探索技术公司（SpaceX）、蓝色起源公司（Blue Origin）、黑空公司（BlackSky Global）及火箭实验室（Rocket Lab）等一众新的产业进入者参与市场竞争。

第六章　美国卫星产业市场绩效分析

市场绩效（Performance）是指在一定的市场结构和市场行为条件下市场运行的最终经济效果。美国卫星产业市场绩效是指该产业的市场表现、业绩、经济效益。其评价指标有定性和定量两种不同的方法。作为定量指标，一般有三个：利润率、勒纳指数、托宾 Q 和贝恩指数。除了这三种定量的评价指标外，在产业组织分析上，我们通常也从产品的研究开发、技术创新和 X 非效率上去考察一个行业在一定的市场结构、一定市场行为下的绩效问题。本文所指的美国卫星产业市场绩效主要从其直接效益和间接效益两方面论述。直接绩效是指由于美国卫星产业自身效益增加可直接用货币计量的最终产品和服务所产生的经济贡献，间接绩效是指由于卫星技术在美国国民经济各部门广泛应用，增加的各部门收益及促进国民经济整体发展的经济贡献。

第一节　直接绩效

在本小节当中选取美国卫星产业各环节的产量作为衡量指标，按照全球较为认可的美国卫星产业协会（SIA）的划分方式，将卫星产业细分为四大领域：卫星服务、卫星制造、发射服务和地面设备制造。从美国卫星产业各领域收入水平占其卫星产业的总量上看，四大领域发展并不均衡，处于上游的卫星制造业与发射服务业收入较少，而处于下游的地面设备制造业与卫星（运营）服务业收入较高。2021 年，全球卫星产业总收入为2790亿美元，以地面设备制造业与卫星（运营）服务业收入为主要构成部分，占总收入的93.19%。由于自2017年后，美国卫星产业协会发布的《卫星产业报告》只公布全球数据，不再对外披露美国卫星产业收入及产业细分情况（公布上一年度统计数据），因此，本小节所选取的数据时间段截止至2016年。

一　美国卫星产业总体经济绩效

1. 美国卫星产业总体产能大，但增速放缓

美国卫星产业总收入继续增长，在全球卫星产业中占比约为四成，且效益比较稳定。从近10年美国卫星产业创造的经济价值来看（见表6－1），美国卫星产业总收入逐年增加，在全球卫星产业总收入的占比略有波动，但平均约占43%（见图6－1）。但总收入增长速度不稳定，自2012年起，增长率呈逐年下降趋势。这主要是由于其他具有发射能力国家卫星产业的发展，世界各国共同竞争卫星产业市场份额的结果，但美国卫星超级大国的地位尚未发生动摇。

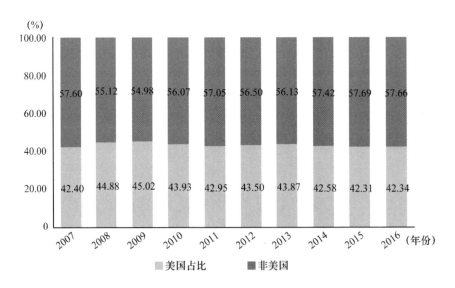

图6－1　美国与其他国家卫星产业规模比较

表6-1　　　　　　　　卫星产业总收入　　　　　（单位：十亿美元;%）

类别 年份	全球卫星产业 总收入	美国卫星 产业总收入	美国占比	美国卫星产业 总收入增长率	版本
2007	121.7	51.6	42.40	—	2013版
2008	144.4	64.8	44.88	25.58	2014版
2009	160.8	72.4	45.02	11.73	2015版
2010	168.0	73.8	43.93	1.93	2016版
2011	177.4	76.2	42.95	3.25	
2012	209.2	91.0	43.50	19.42	2017版
2013	230.9	101.3	43.87	11.32	
2014	246.6	105.0	42.58	3.65	
2015	255.0	107.9	42.31	2.76	
2016	260.5	110.3	42.34	2.22	

资料来源：笔者根据SIA统计数据作出。

2. 美国卫星产业链条各部分经济效益不均衡

美国卫星产业四大领域发展不均衡，产业链上游的卫星制造业与发射服务业收入水平较低，而产业链下游的地面设备制造业与卫星（运营）服务业收入水平较高，产业下游企业收入约占卫星产业总收入的90%（见图6-2）。卫星制造与发射服务业是太空工业基础之核心，但其行业收入却只占到收入总量的10%左右（见表6-2）。

表6-2　　　　　美国卫星产业链四细分行业收入概览　　　（单位：十亿美元）

类别 年份	卫星制造业	卫星发射服务业	地面设备制造业	卫星服务业
2012	8.2	2.0	33.13	47.67
2013	10.9	2.4	39.30	48.70
2014	10.0	2.4	42.21	50.39
2015	9.4	1.8	43.19	53.51

类别 年份	卫星制造业	卫星发射服务业	地面设备制造业	卫星服务业
2016	8.9	2.2	47.63	51.57

资料来源：笔者根据 SIA 统计数据作出。

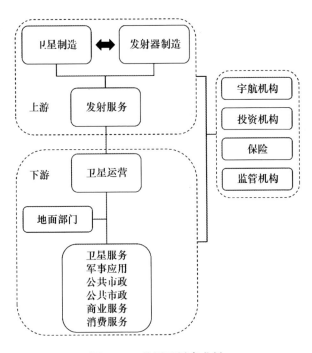

图 6 - 2　美国卫星产业链

资料来源：欧洲咨询公司官网，www. euroconsult-ec. com。

3. 美国卫星产业的四个细分行业占全球市场份额比重高

由于卫星产业协会对外公布的行业细分数据中并不完整，对于卫星服务、地面设备制造业只能获得 2012 年至 2016 年完整数据，但如卫星制造、卫星发射服务可获得近 8 年的数据。

从整体上看，2012 年至 2016 年，美国卫星服务业收入平均占全球卫星服务业的 41.4%；美国卫星制造业收入平均占世界市场份额的 62.2%；美国发射服务业平均占世界市场份额的 38.4%；美国地面设备制造业平均占世界市场份额的 41.8%。可见，美国卫星产业的四大领域在全球皆拥有可观的市场份额。其中，美国卫星制造业表现最为突出，已远超全球份额的半壁江山，虽然市场份额基本稳定，但是从 2014 年至 2016 年，美国卫星制造业增长率均为负值，其卫星制造业收入自 2013 年以来逐年下降，但下降趋势放缓。美国发射服务业在四大领域中发展相对滞后。美国地面设备制造业收入增长势头稳定。在这五年中，美国卫星服务业收入约占美国卫星产业总收入的 49%，美国卫星制造业收入约占美国卫星产业总收入的 9%，美国发射服务业收入约占美国卫星产业总收入的 2%，美国地面设备制造业收入约占美国卫星产业总收入的 40%。全球卫星服务业收入约占卫星产业总收入的 50%，全球卫星制造业收入约占卫星产业总收入的 6%，全球发射服务业收入约占卫星产业总收入的 2%，全球地面设备制造业收入约占卫星产业总收入的 41%。

从上述资料中可以看出，美国卫星产业在卫星服务业收入、发射服务业、地面设备制造业三个领域基本与全球占比持平，而美国卫星制造业收入占美国卫星产业的比例高出全球卫星制造业占全球卫星产业比例 3%。可见，美国卫星制造业收入水平高于全球卫星制造业一般收入水平。

二　卫星制造业经济绩效

美国卫星制造业位于产业链上游，是美国卫星产业发展的基础。在近十年中，美国卫星制造业差值略有波动，但始终居世界前列。

1. 美国卫星制造业收入在美国卫星产业中所占比重较低

尽管美国卫星制造业收入在美国卫星产业中所占比重不高，但是处于产业链上游的卫星制造业是下游卫星运营业发展的前提，是整个卫星产业链上至关重要的一环，是整个太空产业（Space Industry）发展的核心之一。美国卫星制造业收入占美国卫星产业收入的比重略高于全球卫星制造业平均比重，为 8% 到 11% 之间，可见，美国卫星制造业收入水平较高。这也成为美国卫星产业和太空产业高水平发展的基石。

表6－3　　　　　　美国卫星制造业收入占美国卫星产业收入比重

（单位：十亿美元；%）

年份 类别	2007	2008	2009	2010	2011	2012	2013	2014	2015	2016
美国卫星制造业收入	4.80	3.10	7.6	5.6	6.3	8.2	10.9	10.0	9.4	8.9
美国卫星产业收入	51.6	64.8	72.4	73.8	76.2	91.0	101.3	105.0	107.9	110.3
美国卫星制造业占美国卫星产业的比重	9.30	4.78	10.50	7.59	8.27	9.01	10.76	9.52	8.71	8.07

资料来源：笔者根据 SIA 统计数据作出。

2. 美国卫星制造业收入的全球份额不稳定

美国卫星制造业收入占全球卫星制造业收入的比重不稳定，但整体比重较高，平均约为52%左右。从 1996 年至 2016 年的数据上来看，美国卫星制造业收入与全球卫星制造业收入变化趋势见图 6－3 所示。根据统计数据可以看出美国在国际卫星市场上的份额，大致划分为三个阶段：1999 年以前的垄断期，2000 年至 2008 年的波动下滑期，2009 年至 2016 年的逐渐恢复期。从 1996 年至 1999 年，美国在国际卫星制造业市场上占据 60% 以上份额；从 2000 年开始至 2008 年，市场份额急剧下降，2008 年已经降至 30%；2009 年至 2016 年市场份额逐步恢复，自 2013 市场份额达到最高历史峰值后恢复垄断地位，市场份额基本保持在 60% 以上水平。2016 年，美国卫星制造业收入占全球卫星制造业收入的比重为 64.03%，较 2013 的峰值略有下降。美国卫星制造业 8 年的下滑期，主要是受制于其出口管制政策。《国际武器贸易条例》把卫星列入"军品管制清单"初衷是为防止技术扩散，但是为避免卫星出口时须向美国申请出口许可证，欧洲主要的卫星厂商开始生产不含美国零部件的卫星，反而损害了美国卫星产业的经济利益。因此出于经济利益的考虑，美国放松了对一些国家的卫星出口管制以恢复卫星产业经济发展。

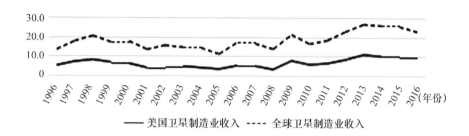

美国卫星制造收入 ---- 全球卫星制造业收入

年份	1996	1997	1998	1999	2000	2001	2002	2003	2004	2005	2006	2007	2008	2009	2010	2011	2012	2013	2014	2015	2016
美国卫星制造业收入	4.9	6.9	7.9	6.6	6.0	3.8	4.4	4.6	3.9	3.2	5.0	4.8	3.1	7.6	5.6	6.3	8.2	10.9	10.0	9.4	8.9
全球卫星制造业收入	8.3	10.6	12.4	10.4	11.5	9.5	11.0	9.8	10.2	7.8	12.0	11.6	10.5	13.5	10.7	11.9	14.6	15.7	15.9	16.0	13.9
美国卫星制造业全球份额	59	65	64	63	52	40	40	47	38	41	42	41	30	56	52	53	56	69	63	59	64

图 6 – 3　美国及全球卫星制造业收入趋势（单位：十亿美元;%）

资料来源：笔者根据 SIA 统计数据作出。

3. 美国商业卫星制造全球领先

美国商业卫星制造在全球始终领先，这应归功于美国商业太空政策的推行，使得美国商业卫星制造和发射有法律规范与保障。2016 年，美国卫星制造业收入下降了 5%，商业部门增长了 7%，政府部门增长了 9%。其中，74% 的美国收入来自美国政府合同。不包括立方体卫星（CubeSats），美国企业制造的卫星占 2016 年发射卫星的 27%，并获得了全球卫星制造收入的 63%；包括立方体卫星在内，美国企业制造的卫星占 2016 年发射卫星的 63%，赚取了 64% 的收入。在 2016 年发射的 79 颗美国制造的卫星中，45 颗是立方体卫星。

表6-4　　　　　　　　美国及全球商业卫星制造　　　　　（单位：颗）

年份 类别	2010年	2011年	2012年	2013年	2014年	2015年	2016年
美国	16	9	12	15	12	11	10
欧洲	6	6	3	5	9	6	5
其他	6	6	3	3	0	0	2
总计	28	21	18	23	21	17	17

资料来源：笔者根据 SIA 统计数据作出。

三　发射服务业经济绩效

1. 美国卫星发射服务业收入占美国卫星产业收入比重较低

美国卫星发射服务业收入在美国卫星产业收入中比例虽然不高（见表6-5），但是美国卫星发射服务业与卫星制造业同处于产业链上游，与卫星制造业并称为美国太空工业的核心。美国卫星发射服务业收入平均约占美国卫星产业收入的 2.13%。由于 2016 年发射卫星数量减少，全球卫星制造业的收入相比 2015 年减少了 21 亿美元。其中，欧洲制造的商业卫星仅 1 颗发射，2015 年为 9 颗，收入减少 10 亿美元；美国政府卫星花费降低，收入减少 6.5 亿美元；其他国家和地区发射少于 14 颗卫星，收入减少 14 亿美元，俄罗斯发射 6 颗。美国商业卫星和欧洲政府卫星数量增加所带来的收入，部分弥补了减少的收入。2016 年的 17 颗商用地球同步轨道卫星订单，美国制造商占据其中 10 颗卫星的订单，接近 59%（2015 年为 65%）。美国是世界上具有卫星独立发射能力的国家之一，火箭与运载技术是衡量一个国家是否具备太空硬实力的主要标准。尽管一些国家拥有属于自己的卫星，但是不具备独立将航天器送入太空、进行轨道变化和控制航天器指向的能力，从国家安全意义上看，仍然是不具备太空实力的。当前世界具备卫星独立发射能力的国家有 11 个：美国、俄罗斯、英国、法国、中国、日本、韩国、朝鲜、印度、以色列和伊朗。[①] 事实上运载火箭可以发射卫星，也可以发射导弹，具备航天发

---

① 何奇松：《大国太空防务态势及影响》，《现代国际关系》2018 年第 2 期。

射能力的国家也具备与核能力一脉相承的洲际导弹发射能力。因此,卫星发射业在太空发展与利用中至关重要。

表6-5　　　美国卫星发射服务业收入占美国卫星产业收入比重

（单位：十亿美元;%）

类别 ＼ 年份	2009	2010	2011	2012	2013	2014	2015	2016
美国卫星发射服务业收入	2.0	1.2	1.6	2.0	2.4	2.4	1.8	2.2
美国卫星产业总收入	72.4	73.8	76.2	91.0	101.3	105.0	107.9	110.3
美国卫星发射服务业收入占美国卫星产业收入比重	2.76	1.63	2.10	2.20	2.37	2.29	1.67	1.99

资料来源：笔者根据 SIA 统计数据作出。

2. 美国卫星发射服务业收入的全球份额较高

尽管美国卫星发射服务的收入在美国卫星产业中不高,但是从全球卫星发射市场上看,依然占有较大份额,平均约为 37.25%,显示了美国的卫星大国地位（见表6-6）。2016 年发射服务业收入为 55 亿美元,略高于近 5 年的平均水平。美国卫星发射服务业的产值有 4 亿美元增量,而美国以外的其他国家和地区减少了 3 亿美元。美国发射服务业收入占比从 2015 年的 33% 一跃上升到 2016 年的 40%,可见,美国卫星发射服务业的抢占全球市场的能力得到强化。

表6-6　　　美国卫星发射服务业收入占全球卫星发射服务业收入比重

（单位：十亿美元;%）

类别 ＼ 年份	2009	2010	2011	2012	2013	2014	2015	2016
美国卫星发射服务业收入	2.0	1.2	1.6	2.0	2.4	2.4	1.8	2.2

续表

年份 类别	2009	2010	2011	2012	2013	2014	2015	2016
全球卫星发射服务业收入	4.5	4.4	4.8	5.8	5.4	5.9	5.4	5.5
美国卫星发射服务业份额	44.44	27.27	33.33	34.48	44.44	40.68	33.33	40.00

资料来源：笔者根据 SIA 统计数据作出。

3. 美国商业卫星发射份额全球领先但略有下降

全球范围内的政府客户仍然是发射收入的主要来源，约占 70% 左右。美国在商业采购的发射收入中所占份额最大（40%），其中 32% 的全球收入来自于发射美国政府卫星。2016 年全球有 14 颗商业卫星发射订单，比 2015 年 33 颗有大幅减少。美国企业获得 4 颗商业卫星发射订单（占比 29%），与 2015 年 15 个订单（占比 45%）相比显著减少（见表 6 - 7）。其中，有国际订单减少的缘故，但主要原因是欧洲阿里安公司的卓越表现，国际移动卫星公司（Inmarsat）和美国卫讯公司（ViaSat）都将其卫星订单从 SpaceX 转移到了阿里安公司，使得欧洲商业订单数量超过美国一倍以上。这是继 2015 年近乎追平欧洲商业卫星订单后的首次大幅下滑。

表 6 - 7 　　　　　　　**按制造商所在国家统计的商业卫星发射量**　　　　（单位：颗）

年份 国别	2009	2010	2011	2012	2013	2014	2015	2016
美国	15	20	3	8	6	11	15	4
欧洲	13	14	14	11	18	10	16	9
俄罗斯	14	9	8	4	4	1	1	1
其他	0	6	5	2	4	0	1	0
总计	42	49	30	25	32	22	33	14

资料来源：SIA 官方网站数据加工整理。

四　地面设备制造业经济绩效

1. 卫星导航是全球地面设备制造业中效益最高行业

从全球地面设备制造业行业细分上来看，卫星导航占据地面设备制造业收入的主体，平均约占 72.94% 且地位稳固（见表 6 - 8）。

表 6 - 8　　　　　　全球卫星地面设备制造业行业细分情况　　（单位：十亿美元）

类别＼年份	2012	2013	2014	2015	2016
网络设备	9.9	8.8	9.3	9.6	10.3
消费设备（卫星导航 GNSS）	52.7	66.8	74.6	78.1	84.6
消费设备（卫星电视、广播、宽带和移动终端）	12.8	15.6	17.9	18.3	18.5
合计	75.4	91.2	101.8	106	113.4

资料来源：SIA 官方网站数据加工整理。

2. 美国卫星地面设备制造业收入高且全球份额高

美国卫星地面设备制造业效益堪称"双高"，其收入不仅在美国卫星产业收入中占重要地位，仅次于卫星服务业，且美国卫星地面设备制造业收入的全球份额高，是四个产业细分中全球份额最高的行业，平均约为全球总收入量的 42%（见表 6 - 9）。

表 6 - 9　　　　　　美国卫星地面设备制造业发展情况　　（单位：十亿美元;%）

类别＼年份	2012	2013	2014	2015	2016
美国地面设备制造业	33.13	39.30	42.21	43.19	47.63
美国卫星产业总收入	91.00	101.30	105.00	107.90	110.30
美国卫星地面设备制造业收入占美国卫星产业收入比重	36.41	38.80	40.20	40.03	43.18

续表

类别 \ 年份	2012	2013	2014	2015	2016
美国卫星地面设备 制造业收入的全球份额	43.94	43.09	41.46	40.75	42.00

资料来源：SIA 官方网站数据加工整理。

五 卫星服务业经济绩效

1. 美国卫星服务业总体经济效益高

一方面，美国卫星服务业收入构成美国卫星产业总收入的近半壁江山，是美国卫星产业中细分行业中绩效最高的领域。另一方面美国卫星服务业在全球的卫星服务业中市场份额较高，世界市场占有率平均为41.4%，2012 年至 2016 年的变化情况见表 6 – 10 所示。

表 6 – 10　　　　　**美国及全球卫星服务业发展情况**　　（单位：十亿美元;%）

类别 \ 年份	2012	2013	2014	2015	2016
美国卫星服务业收入	472	487	509	533	521
全球卫星服务业收入	1135	1186	1229	1274	1277
美国卫星产业总收入	91	101.3	105	107.9	110.3
美国卫星服务业的全球份额	42	41	41	42	41
美国卫星服务业占 美国卫星产业比重	51.87	48.08	48.48	49.40	47.23

资料来源：SIA 官方网站数据加工整理。

美国卫星服务业主要由大众通信消费业、卫星固定通信业、卫星移动通信业、对地观测业 4 个部分构成。全球卫星服务业与美国卫星服务业收入与全球份额变化情况与见表 6 – 11 与 6 – 12 所示。

表6-11　　　　　　　全球卫星服务业发展情况　　　　　（单位：十亿美元）

年份 行业细分	2012	2013	2014	2015	2016
大众通信消费业收入合计	933	981	1009	1043	1047
卫星电视直播	884	926	950	978	977
卫星音频广播	34	38	42	46	50
卫星宽带	15	17	18	19	20
卫星固定通信业收入合计	164	164	171	179	174
转发器租赁协议	118	118	123	124	112
网络管理服务	46	46	48	55	62
卫星移动通信业收入合计	24	26	33	34	36
对地观测业收入合计	13	15	16	18	20
总计	1135	1186	1229	1274	1277

资料来源：SIA官方网站数据加工整理。

表6-12　　　美国卫星服务业行业细分的全球份额变化情况　　　（单位:%）

年份 行业细分	2012	2013	2014	2015	2016
大众通信消费业收入合计	45.34	44.85	45.59	46.02	44.32
卫星电视直播	42.42	41.68	42.21	42.64	40.63
卫星音频广播	100.00	100.00	100.00	100.00	100.00
卫星宽带	93.33	94.12	94.44	89.47	85.00
卫星固定通信业收入合计	22.56	22.56	22.22	22.91	25.29
转发器租赁协议	2.54	2.54	2.44	2.42	2.68
网络管理服务	73.91	73.91	72.92	69.09	66.13
卫星移动通信业收入合计	16.67	15.38	12.12	14.71	13.89
对地观测业收入合计	61.54	40.00	43.75	38.89	40.00
总计	41.59	41.06	41.42	41.84	40.80

资料来源：SIA官方网站数据加工整理。

2012 年至 2016 年，美国卫星服务业收入总额在全球的份额始终在40% 以上。2016 年，美国卫星服务业总收入为 521 亿美元，收入比上年同期降低了 2%，是近五年中增长率最低值。全球卫星服务业总收入2016 年增长率也处于近五年来最低值，仅为 0.2%。其中，大众通信消费业收入为 464 亿美元，仍然是整个卫星产业的主要驱动力。

2. 大众通信消费业收入占美国卫星服务业主体

2016 年，美国大众通信消费业收入为 464 亿美元。从 2012 年至2016 年的统计数据上看，美国大众通信消费业收入始终占整个美国卫星服务业的 89% 以上，是卫星服务业中占比最大的领域。在这五年中，美国大众通信消费业是美国卫星产业收入中所占比重最大的业务模块，美国大众通信消费业占美国卫星产业收入的比重平均约为 89.89%。美国大众通信消费业收入平均约占全球份额的 45% 以上，拥有较大市场份额。美国大众通信消费业主体地位的动因：第一，美国大众通信消费业收入主要是依靠卫星电视直播业拉动的。美国卫星电视直播业收入占大众通信消费业收入的大部分，平均约占 87%，低于全球平均占比水平。美国卫星电视直播业收入平均约占全球份额的 42%，拥有较高的市场份额。第二，美国大众通信消费业形成全球绝对垄断。虽然美国卫星音频广播收入占美国收入的比重非常低，平均约为 9%。但是，却占全球卫星音频广播收入的 100%，可见美国卫星音频广播完全垄断了全球该项业务。第三，卫星宽带业构成全球垄断。卫星宽带业收入在大众通信消费业收入中所占比例最小，平均约为 4%。但是，卫星宽带业收入平均约占全球份额的 91%，可见美国卫星宽带业基本垄断了全球该项业务。

3. 美国卫星固定通信与卫星移动通信业收入全球占比双低

一方面，美国卫星固定通信业收入全球占比较低，但呈缓步上升趋势。美国卫星固定通信业收入全球占比较低，收入主要来源为网络管理服务。2012 年至 2016 年间，美国卫星固定通信业呈缓慢发展态势，平均约占美国卫星产业收入总额的 7.81%。美国卫星固定通信业约占全球份额的 23%。第一，美国转发器租赁协议收入始终稳定在 3

亿美元，并未增长，全球转发器租赁协议收入增长速度也非常缓慢。美国转发器租赁协议占美国卫星固定通信业收入的比重非常低，平均约为8%。美国转发器租赁协议收入约占全球份额的2.5%。可见美国转发器租赁协议行业发展相对迟缓。第二，美国网络管理服务占美国卫星固定通信业收入的比重非常高，平均约为92%，是拉动美国卫星固定通信业收入水平的重要部分。美国网络管理服务占全球的市场份额非常高，平均约为71%。另一方面，卫星移动通信业收入全球份额较低，且呈下降趋势。美国卫星移动通信业收入的全球份额接近15%，且全球市场份额逐年下降。虽然，美国卫星移动通信业收入绝对指标上升，但是全球卫星移动通信业的快速发展，使得全球卫星移动通信总体收入快速上升，增速远超美国卫星移动通信业发展速度。激烈的全球市场竞争，使得美国卫星移动通信业收入的全球市场份额有所下降。

4. 对地观测业收入占卫星服务业收入比重最低

美国对地观测业收入在卫星服务业收入中占比较低，但美国的全球份额较高，却呈现逐年下降趋势。由2012年的61.54%下降到2016年的40%，下降幅度较大，然而全球对地观测业收入是逐年稳步上升的。由此可见，对地观测业全球竞争日益加剧的情况下，美国对地观测业的市场份额逐渐被欧洲和其他国家所抢占。

第二节　间接绩效

所谓溢出效应（Spillover Effect），是指美国卫星产业在生产活动中对产业以外的人和社会产生的影响。卫星产业创造价值的方式不仅是通过自身产值的增加对社会做出贡献，还通过卫星技术在国民经济各部门广泛的应用，改变其他产业原有的生产活动模式，增加其收益或是简化其工作量，带来可量化或者不可量化的收益。美国联邦航空局商业航天运输办公室（FAA/AST）持续测算过美国商业航天运输及火箭制造及发射服务产业的太空经济效益，包括经济活动价值（直接效益、间接效益、引致消费效益）、工资收入、拉动的就业。研究表明，2009 年美国商业航天运输及相关产业创造了 2083 亿美元的经济价值，拉动了 102.9 万人就业，并带来了 530 亿美元的工资收入，投入产出比（杠杆率）是 1∶1473；火箭制造及发射服务产业创造了 8.28 亿美元的太空经济效益，拉动了 3820 人的就业，并带来了 2.19 亿美元的工资收入，投入产出比（杠杆率）是 1∶4.9。[①]

一　美国卫星产业的溢出效应及对 GDP 的贡献

1. 菲德模型理论

菲德模型主要是分析一国出口增长对经济发展的影响，出口部门的外溢效应表现为对经济增长的间接影响。[②] Feder（1982）将社会生产划分为出口部门与非出口部门两类，并以这两个部门的生产函数为基础构建计量模型，认为出口以多种方式促进经济增长——更大的产能利用率、规模经济、鼓励技术进步和外国竞争压力，从而导致更有效的管理，因此，预计出口部门的边际要素生产率将高于非出口部门。Feder（1982）和 Ram（1987）的跨部门分析证实了发展中国家存在这种边际要素生产率差异，而发达国家的差异系数不显著。并且菲德提出了出口活动对经济其他方面的影响。Feder（1982）认为发展高效率和具有国际竞争力的管理、采用改进的生产技术、培训更高质量的劳工和进口投入的稳定流动，都有利于非出口部门。但由于这些好处没有反映在出口部门的价格中，它们被称为外部因素。Feder（1982）认为如果出口增长 10% 而不从非出口部门吸引资源，后者的生产率将提高 1.3%。[③] Edward（1993）等人认为出口对经济增长的影响取决于发展阶段、政策的内向或外向以及出口的构成等因素。菲德模型自提出以来已被应用于许多领域的研究

---

① 柳林、徐迩铱、李涛、黎开颜：《太空经济效益分析方法综述》，《系统工程》2017 年第 2 期。

② Gershon Feder, " On Export and Economic Growth ", *Journal of Development Economics*, Vol. 12, 1982, pp. 59 – 73.

③ Izani Ibrahim, "On Export and Economic Growth", *Jurnal Pengurusan*, Vol. 9, 2002, pp. 3 – 18.

中，例如：高技术产业①、教育②、外商投资③等各部门对经济增长的贡献。

本研究利用 Feder（1982）的两部门（出口部门与非出口部门）模型来测度美国卫星产业对其国民经济增长的贡献。将美国卫星产业对国民经济增长的贡献（直接贡献与溢出效应）视为出口对经济增长的影响，将美国经济产出分为两个部门，即卫星产业部门和非卫星产业部门，投入只有劳动力和资本，产出为劳动力和资本的函数。设各自的生产方程为：

$$S = f\ (L_s,\ K_s) \tag{6.1}$$

$$N = g\ (L_n,\ K_n,\ S) \tag{6.2}$$

其中 S 代表卫星产业部门的产出，N 代表非卫星产业部门的产出，L 代表劳动力和 K 代表资本，下标字母分别代表各个部门。方程（6.2）生产函数假设，卫星产业的产出水平 S 将影响非卫星产业的产出。劳动力（L）与资本（K）总量可以表达为：

$$L = L_s + L_n \tag{6.3}$$

$$K = K_s + K_n \tag{6.4}$$

国民生产总值（Y）是两部门产品之和，即

$$Y = S + N \tag{6.5}$$

按照 Feder（1982）模型④约定，将不同部门劳动和资本边际生产力的相互关系表达为如下形式

$$\frac{f_l}{g_l} = \frac{f_k}{g_k} = 1 + \delta \tag{6.6}$$

其中，f_l、f_k 分别代表代表卫星产业部门劳动力的边际产出和卫星产业部门资本的边际产出；g_l、g_k 分别代表非卫星产业部门劳动力的边际

---

① 戴志敏、郑万腾：《高新技术产业溢出效应的菲德模型分析——以江西省为例》，《华东经济管理》2016 年第 1 期。

② 乔琳：《金砖五国教育投资对经济增长的外溢效应——基于菲德模型的实证研究》，《中央财经大学学报》2013 年第 4 期。

③ 陈玉平：《江苏经济增长中外资投资贡献的计量分析》，《江苏社会科学》2004 年第 6 期。

④ Gershon Feder, " On Exports and Economic Growth ", *Development Economics*, Vol. 12, 1982, pp. 59 – 73.

产出和非卫星产业部门资本的边际产出；δ 是两个部门之间相对边际生产力的差异，理论上可以大于、等于或小于零。[①] 如果 δ 值为正，表示卫星产业部门的相对边际生产力比非卫星产业部门的相对边际生产力高。将方程（6.5）、（6.1）、（6.2）微分后，合并方程（6.6）得到：

$$dY = dN + dS = g_k dK_s + g_l dL_n + g_h dS + (1+\delta) g_k dK_s + (1+\delta) g_l dK_s$$
$$(6.7)$$

每期的投资应等于当期资本存量的增量

$$I = dK_s + dK_n \tag{6.8}$$

总劳动量

$$dL = dL_n + dL_s \tag{6.9}$$

综合上述讨论可以得到产出的增量为

$$dY = g_k dI + g_l dL + \left(\frac{\delta}{1+\delta} + g_s\right) dS \tag{6.10}$$

在式（6.10）两边同时除以 Y，可得如下方程

$$\frac{dY}{Y} = \alpha\left(\frac{I}{Y}\right) + \beta\left(\frac{dL}{L}\right) + \gamma\left(\frac{dS}{S}\right)\left(\frac{S}{Y}\right) \tag{6.11}$$

其中，α 表示非卫星产业部门资本的边际产出；β 表示非卫星产业部门劳动力的弹性系数；γ 代表了卫星产业部门对国民经济的全部贡献。假定其他条件不变，美国卫星产业部门产值每增加一个单位，将使国民生产总值（GDP现价）Y 增加 γ 个单位，$\gamma = \frac{\delta}{1+\delta} + g_s$ 表示国民经济增长中卫星产业的贡献（g_s 被用来表示卫星产业对外部的溢出效应）；$\frac{dY}{Y}$、$\frac{dL}{Y}$、$\frac{dS}{S}$ 分别是相应指标的增长率；$\frac{S}{Y}$ 是卫星产业产出在国民生产总值中所占的比重，或者说是卫星产业部门在国民经济中的规模；$\frac{I}{Y}$ 表示全社会总投资（资本存量的增量）在总产出中所占的比重。

[①] Izani Ibrahim, "On Exports and Economic Growth", *Pengurusan*, Vol. 21, 2002, pp. 3 – 18.

为了分别估计卫星产业的外溢作用和要素的相对边际生产力差异（δ），仍然循着菲德模型的设计，假设卫星产业部门影响对非卫星产业部门的产出的弹性是不变的，即

$$N = g\ (L_n,\ K_n,\ S)\ = S_\psi^\theta\ (L_n,\ K_n)\ \tag{6.12}$$

其中 θ 为外溢作用的参数，可以求得卫星产业的外溢作用

$$g_s = \frac{\partial N}{\partial S} = \theta\ \left(\frac{N}{S}\right)\ \tag{6.13}$$

对方程（6.12）微分可得下式：

$$\dot{N} = S^\theta \psi_L L_N + S^\theta \psi_K K_N + \theta\frac{N}{S}\cdot\dot{S}$$

通过方程（6.12）、（6.13），则方程（6.11）可以变为：

$$\frac{dY}{Y} = \alpha\left(\frac{I}{Y}\right) + \beta\left(\frac{dL}{L}\right) + \left(\frac{\delta}{1+\delta} - \theta\right)\cdot\left(\frac{dS}{Y}\right) + \theta\cdot\left(\frac{dS}{S}\right)$$

整理后可得：

$$\frac{dY}{Y} = \alpha\left(\frac{I}{Y}\right) + \beta\left(\frac{dL}{L}\right)\left[\frac{\delta}{1+\delta} + \theta\left(\frac{N}{S}\right)\right]\left(\frac{dS}{S}\right)\left(\frac{S}{Y}\right)\ \tag{6.14}$$

经过整理（注意到 $N = Y - S$），则有：

$$\frac{dY}{Y} = \alpha\left(\frac{I}{Y}\right) + \beta\left(\frac{dL}{L}\right) + \varphi\left(\frac{dS}{S}\right)\left(\frac{S}{Y}\right) + \theta\left(\frac{dS}{S}\right)\ \tag{6.15}$$

其中，$\varphi\left[\frac{\delta}{1+\delta} - \theta\right]$分别将一个常数项和一个随机误差项加入到方程（6.11）和（6.15）中，同时假定随机误差项具有零均值、同方差的特性，则方程（6.11）和（6.15）就成为所需要的回归方程。通过方程（6.11）对$\left(\frac{dS}{S}\right)\left(\frac{S}{Y}\right)$的系数 γ 的估计，可以得到卫星产业对于国民经济增长的全部作用；对方程（6.15）中的 θ 和 δ 进行估计，可以得到卫星产业的外溢作用参数（θ）和相对边际要素生产力差异（δ）的值。

2. 溢出模型的测度

本节在上述讨论的基础上，研究卫星产业产出对经济增长的贡献，采用前面提出的测度国民经济增长中卫星产业贡献的模型：

$$\frac{\dot{Y}}{Y} = \alpha\left(\frac{I}{Y}\right) + \beta\left(\frac{\dot{L}}{L}\right) + \gamma\left(\frac{\dot{S}}{S}\right)\left(\frac{S}{Y}\right)\text{模型（Ⅰ）}$$

$$\frac{\dot{Y}}{Y} = \alpha\left(\frac{I}{Y}\right) + \beta\left(\frac{\dot{L}}{L}\right) + \varphi\left(\frac{\dot{S}}{S}\right)\left(\frac{S}{Y}\right) + \theta\left(\frac{\dot{S}}{S}\right)$$ 模型（Ⅱ）

（1）采集数据指标说明

测度模型中涉及的指标和数据采集说明如下：

①国内生产总值

国内生产总值（GDP 现价）用 Y 表示，作为经济产出指标，国内生产总值按当年价格计算，数字取自于 wind 数据库（1996—2016 年）。

②总就业人口

总就业人口用 L 表示。数字取自于 wind 数据库（1996—2016 年）。

③全社会固定资产投资

全社会固定资产投资用 I 表示。选取美国实际固定资产投资，可以从 wind 数据库中获得 1996—2016 年的数据。

④卫星产业总产出

卫星产业总产出用 S 表示。它是由卫星制造、地面设备制造业、发射服务业、卫星运营服务业等行业收入构成的。其中 2007—2016 年美国卫星产业总产出来源于美国卫星产业协会每年发布的《卫星产业状况报告》的官方数据，而 1996—2006 年的早期数据，美国只对外披露全球卫星产业总产出，因此，根据 2007—2016 年美国卫星产业总产出占全球卫星产业总产出的平均占比（约为 43.38%）进行估算。

（2）数据处理

美国的国内生产总值、总就业人口、全社会固定资产投资及卫星产业总产出原始数据见下表。

表6-13　　　美国卫星产业对经济增长贡献测度研究所用数据

年份	GDP 现价（十亿美元）	总就业人口（千人）	实际固定资产投资（十亿美元）	卫星产业总产出（十亿美元）
1996	8073.1	127903	1653.0	16.5
1997	8577.6	130785	1768.7	21.3
1998	9062.8	132732	1939.3	23.9

续表

年份	GDP 现价 （十亿美元）	总就业人口 （千人）	实际固定资产 投资（十亿美元）	卫星产业总产出 （十亿美元）
1999	9630.7	134696	2636.6	26.2
2000	10252.3	137846	2793.8	27.8
2001	10581.8	136269	2774.4	27.9
2002	10936.4	136599	2729.0	30.9
2003	11458.2	138556	2833.9	32.2
2004	12213.7	140278	3007.2	35.9
2005	13036.6	142918	3176.2	38.5
2006	13814.6	146081	3246.2	45.8
2007	14451.9	146334	3211.7	51.6
2008	14712.8	143350	3054.8	64.8
2009	14448.9	137953	2655.2	72.4
2010	14992.1	139159	2681.7	73.8
2011	15542.6	140681	2778.2	76.2
2012	16197.0	143060	2950.2	91.0
2013	16784.9	144423	3034.6	101.3
2014	17521.7	147190	3180.2	105.0
2015	18219.3	149703	3293.7	107.9
2016	18707.2	151798	3328.6	110.3

数据来源：国内生产总值（GDP 现价）、就业总人口、全社会固定资产投资来源于 Wind 数据库；卫星产业总产出根据 SIA 发布的年度《卫星产业状况报告》编辑处理。

在进行模型估计之前，对上述原始数据做如下预处理：

①比重计算

$\dfrac{I}{Y}$ = 全社会固定资产投资占国内生产总值的比重 =

$$\frac{当年全社会固定资产投资总额}{当年国内生产总值}$$

$$\frac{S}{Y} = 卫星产业产出占国内生产总值比重 = \frac{当年卫星产业总产出}{当年国内生产总值}$$

②变化率计算

$$\frac{\dot{L}}{L} = 总就业人口增长率 = \frac{当年总就业人口 - 上年总就业人口}{上年总就业人口}$$

$$\frac{\dot{S}}{S} = 卫星产业总产出增长率 =$$

$$\frac{当年卫星产业总产出 - 上年卫星产业总产出}{上年卫星产业总产出}$$

③其他计算

$$\frac{\dot{S}}{S} \cdot \frac{S}{Y} = 当年卫星产业总产出增长率 \times \frac{当年卫星产业总产出}{当年国内生产总值}$$

所有指标的具体计算结果见下表：

表6－14 美国卫星产业对经济增长贡献测度研究数据计算

年份	$\dfrac{\dot{Y}}{Y}$	$\dfrac{I}{Y}$	$\dfrac{\dot{L}}{L}$	$\dfrac{\dot{S}}{S}$	$\dfrac{S}{S}$	$\dfrac{\dot{S}}{S} \cdot \dfrac{S}{Y}$
1996	—	—	—	—	—	—
1997	0.0624915	0.2061999	0.0225327	0.2921053	0.0024832	0.0007253
1998	0.0565659	0.2139846	0.0148870	0.1201629	0.0026326	0.0003163
1999	0.0626628	0.2737703	0.0147967	0.0981818	0.0027206	0.0002671
2000	0.0645436	0.2725047	0.0233860	0.0629139	0.0027165	0.0001709
2001	0.0321391	0.2621860	− 0.0114403	0.0031153	0.0026401	0.0000082
2002	0.0335104	0.2495337	0.0024217	0.1071429	0.0028282	0.0003030
2003	0.0477122	0.2473251	0.0143266	0.0420757	0.0028129	0.0001184
2004	0.0659353	0.2462153	0.0124282	0.1130552	0.0029373	0.0003321
2005	0.0673752	0.2436371	0.0188198	0.0737606	0.0029549	0.0002180
2006	0.0596781	0.2349833	0.0221316	0.1880631	0.0033129	0.0006230
2007	0.0461324	0.2222338	0.0017319	0.1274770	0.0035705	0.0004552
2008	0.0180530	0.2076287	− 0.0203917	0.2558140	0.0044043	0.0011267
2009	− 0.0179368	0.1837649	− 0.0376491	0.1172840	0.0050108	0.0005877
2010	0.0375946	0.1788742	0.0087421	0.0193370	0.0049226	0.0000952
2011	0.0367193	0.1787474	0.0109371	0.0325203	0.0049027	0.0001594

续表

年份	$\dfrac{\dot{Y}}{Y}$	$\dfrac{I}{Y}$	$\dfrac{\dot{L}}{L}$	$\dfrac{\dot{S}}{S}$	$\dfrac{S}{S}$	$\dfrac{\dot{S}}{S}\cdot\dfrac{S}{Y}$
2012	0.0421036	0.1821448	0.0169106	0.1942257	0.0056183	0.0010912
2013	0.0362968	0.1807935	0.0095275	0.1131868	0.0060352	0.0006831
2014	0.0438966	0.1815007	0.0191590	0.0365252	0.0059926	0.0002189
2015	0.0398135	0.1807808	0.0170732	0.0276190	0.0059223	0.0001636
2016	0.0267793	0.1779315	0.0139944	0.0222428	0.0058961	0.0001311

（3）测度结果与解释

①对计量模型（Ⅰ）进行统计分析：

$$\frac{\dot{Y}}{Y}=\alpha\left(\frac{I}{Y}\right)+\beta\left(\frac{\dot{L}}{Y}\right)+\gamma\left(\frac{\dot{S}}{Y}\right)\left(\frac{S}{Y}\right)$$

针对模型（Ⅰ）利用统计软件 EViews 计算，得到如下输出结果。

表6－15   三变量回归系数分析

Dependent Variable：Y			
Method：Least Squares			
Date：11/05/18 Time：16：35			
Sample（adjusted）：1997 2016			
Includedobservations：20			
Variable	Coefficient	Std. Error	t-Statistic	Prob.
$\dfrac{I}{Y}$	0.255845	0.049006	5.220733	0.0001
$\dfrac{\dot{L}}{L}$	1.074070	0.109187	9.836961	0.0000
$\dfrac{\dot{S}}{S}\cdot\dfrac{S}{Y}$	7.275516	5.509410	1.320562	0.2052
C	－0.024409	0.011487	－2.124867	0.0495
R-squared	0.894713	Mean dependentvar		0.043105
AdjustedR-squared	0.874971	S. D. dependent var		0.020225

续表

S. E. of regres sion	0. 007151	Akaike info criterion	− 6. 866197
Sum squared resid	0. 000818	Schwarz criterion	− 6. 667050
Log likelihood	72. 66197	Hannan-Quinn criter	− 6. 827321
F-statistic	45. 32177	Durbin-Wats on stat	1. 758788
Prbo（F-statistic）	0. 000000		

最终模拟的计量模型为：

$$\frac{\dot{Y}}{Y} = 0.256\left(\frac{I}{Y}\right) + 1.074\left(\frac{\dot{L}}{L}\right) + 7.276\left(\frac{\dot{S}}{S}\right)\left(\frac{S}{Y}\right) - 0.024$$

从模型（Ⅰ）的参数估计结果上看，R^2 为 0.895；Adjusted R^2 为 0.875，较接近 1，说明模型中的回归方程拟合效果较好；D-W 值为 1.759，较接近 2，从中可以看出整个回归方程不存在共线性问题，回归结果较为稳定；F 值为 45.321，F 统计量的概率 Prbo（F-statistic）为 0.000 小于 0.01，说明整个方程的显著性水平通过检验，回归方程应当包含这三个变量。从参数结果来看，方程中 α 值为 0.256，说明了投资率每增加一个单位，GDP 增加 0.256 个单位。方程中 β 值为 1.074，说明了劳动力投入比率每提高一个单位，GDP 相应增加 1.074 个单位，这说明卫星产业劳动力资源的增加对美国经济增长的贡献较为显著，在此类技术密集型产业中，劳动力资源尤为重要。方程中 γ 值为 7.276，表示假定其他变量保持一定的条件下，美国卫星产业部门产值每增加一个单位，GDP 增加 7.276 个单位。但是由于 $\frac{\dot{S}}{S} \cdot \frac{S}{Y}$ 序列数值非常小，所以美国卫星产业产出增长率与卫星产业产出占总产出比重二者对总产出的合成贡献变得很小。参数 t-Statistic 的 Prob 值分别为 0.0001、0.0000、0.2052 和 0.0495，参数的估计结果多数通过了检验，仅第三个参数的估计结果略不理想，可能是由于样本数量较少（仅 21 个）造成的。从美国卫星产业公开数据仅可获得 1996 至 2016 年数据，且 2016 年度以后美国卫星产业协会不再公开美国卫星产业的数据。

②对模型（Ⅱ）进行统计分析：

$$\frac{\dot{Y}}{Y} = \alpha\left(\frac{I}{Y}\right) + \beta\left(\frac{\dot{L}}{Y}\right) + \varphi\left(\frac{\dot{S}}{Y}\right)\left(\frac{S}{Y}\right) + \theta\left(\frac{\dot{S}}{S}\right)$$

运用上述汇总和计算的数据，利用统计软件 EViews 计算，得到如下输出结果。

表 6－16　　　　　　　　四变量回归系数分析

Dependent Variable：Y			
Method：Least Squares			
Date：11/05/18　Time：16：35			
Sample（adjusted）：1997　2016			
Included observations：20			
Variable	Coefficient	Std. Error	t-Statistic	Prob.
$\dfrac{I}{Y}$	0. 148924	0. 012960	11. 49132	0. 0000
$\dfrac{\dot{L}}{L}$	1. 002397	0. 111740	8. 970770	0. 0000
$\dfrac{\dot{S}}{S}\cdot\dfrac{S}{Y}$	－ 17. 52374	10. 48958	－ 1. 670586	0. 1142
$\dfrac{\dot{S}}{S}$	0. 090735	0. 042773	2. 121343	0. 0499
R-squared	0. 894636	Mean dependent var		0. 043105
AdjustedR-squared	0. 874880	S. D. dependent var		0. 020225
S. E. of regres sion	0. 007154	Akaike info criterion		－ 6. 865467
Sum squared resid	0. 000819	Schwarz criterion		－ 6. 666321
Log likelihood	72. 65467	Hannan-Quinn criter		－ 6. 826592
Durbin-Wats on stat	1. 732582			

最终模拟的计量模型为：

$$\frac{\dot{Y}}{Y} = 0.149\left(\frac{I}{Y}\right) + 1.002\left(\frac{\dot{L}}{L}\right) - 17.524\left(\frac{\dot{S}}{S}\right)\left(\frac{S}{Y}\right) + 0.091\left(\frac{\dot{S}}{S}\right)$$

从模型（Ⅱ）的参数估计结果上看，R^2 为 0.895；调整后的 R^2 为 0.875，较接近 1，说明模型中的回归方程拟合效果较好；D-W 值为 1.733，较接近 2，从中可以看出整个回归方程不存在共线性问题，回归结果较为稳定。从参数结果来看，方程中 α 值为 0.149，反映了投资率每增加一个单位，GDP 增加 0.149 个单位。方程中 β 值为 1.002，反映了劳动力投入比率每提高一个单位，GDP 相应增加 1.002 个单位，该值与模型（Ⅰ）的值 1.074 比较接近，这说明卫星产业劳动力资源的增加对美国经济增长的贡献较为显著，在此类技术密集型产业中，劳动力资源尤为重要。方程中的 θ 表示美国卫星产业部门溢出效益，其值为 0.091，表示美国卫星产业部门产值增长一个单位，就会对非卫星部门产生 0.091 个单位的溢出。方程中 $\varphi\left[\dfrac{\delta}{1+\delta}-\theta\right]$，其值为 -17.524，虽然 φ 值较大，但考虑到 $\dfrac{\dot{S}}{S}\cdot\dfrac{S}{Y}$ 序列数值非常小，因而对整体的作用是非常有限的，仅有轻微的负影响。由此可以计算出两部门边际要素生产力差异估计 δ 为 -0.946，说明美国卫星产业与非卫星产业相对边际要素生产力差异较大，美国卫星产业的相对边际生产力低于非卫星产业部门。假设 δ = -0.5，则经计算可得 φ = -1，可见，如果美国卫星产业部门能与非卫星产业部门缩小相对边际要素生产力差异，则 φ 值将变小，意味着对总产出的负影响变得更小。那么，如果卫星产业的边际生产性能够提高，对总产出的负向影响变小，对总产出的增长有正向意义。

综上所述，从模型（Ⅰ）可以看出，美国卫星产业部门对总产出（GDP）的贡献为 7.276，但是其中 $\dfrac{\dot{S}}{S}\cdot\dfrac{S}{Y}$ 序列数值非常小，这主要是因为卫星产业产出在美国经济总产出中占比很少，因此该合成作用对总产出的贡献不大。从模型（Ⅱ）可以看出，美国卫星产业部门对非卫星产业部门产生 0.091 个单位的正溢出效果。同时，美国卫星产业部门相对边际生产力落后于非卫星产业部门，如果能缩小美国卫星产业部门与非卫星产业部门相对边际要素生产力的差异，将使其对总产出的负向影响变小，从而对总产出的增长有正向意义。可见，对于卫星产业一类带有国防军工性质的产业，在产业市场化发展初期，投入大、生产周期长，在短期内对经济增长的直接促进效果并不明显，其效果往往是以促进其他产业部门对经济增长的贡献反映出来的。

二　对其他产业及领域的促进效应

美国卫星产业对美国农业、远洋渔业、测绘业的发展以及灾害的防范与救助等领域均起到了促进作用，运用卫星技术这一强有力的工具，提供了解决与地球环境和可持续发展有关问题新思路。美国国家航空航天局（NASA）及私人卫星公司在本土和世界范围内提供有偿或无偿的卫星服务。

1. 在农业方面

卫星产业中的遥感技术对农作物及干旱情况的监测使得气候对产量的影响可被提前预估。农业部门不仅受到不断变化的气候模式的影响，还受全球化、社会经济转型、土地利用冲突以及移民和战争等人口增长带来的动态变化影响。特别是在气候恶劣、地形崎岖且生长季节短的地区，粮食产量估计与干旱监测问题更为重要。通过与多国区域合作，及时提供有关新出现和不断变化的粮食安全问题预警。阿富汗、孟加拉国和巴基斯坦等国家曾在美国国际开发署资助的饥荒预警系统网络（FEWSNET）计划的帮助下，借助国家太空机构收集的数据，在实施作物监测计划方面获益。此外，NASA 还与美国农业部（USDA）和国外农业服务局（FAS）合作，通过实施数据共享为加强全球作物评估决策提供支持。通过对土地荒漠化程度、作物生长季节情况的准确监测可以显著帮助减轻粮食安全的问题。20 世纪 20 年代，遥感卫星对于农业土地调查有较大帮助，后来广泛应用于农作物估产、预防病虫害和自然灾害等方面。例如，MODIS 卫星，具有 36 个离散光谱波段，光谱范围宽从 0.4 微米（可见光）到 14.4 微米（热红外）全光谱覆盖。监测到的卫星数据可用于计算植被指数，对可能威胁作物生长的干旱情况提供不间断的时空对比。1974 年美国农业部（USDA）、国家海洋大气管理局（NOAA）、美国国家航空航天局（NASA）和商业部合作制定了"大面积农作物估产实验（LACIE）"计划，开了农作物遥感估产之先河[①]。美国利用陆地卫

---

① J. W. Jones, J. W. Hansen, F. S. Royce, C. D. Messina, "Potential Benefits of Climate Forecasting to Agriculture", *Agriculture Ecosystems and Environment*, Vol. 82, 2000, pp. 169 – 184.

星和气象卫星等数据，预测全世界的小麦产量，准确度大于90%。1980年至1986年，美国又制定了"农业和资源的太空遥感调查计划（AGRISTARS）"，进行国内、世界多种粮食作物（小麦、水稻、玉米、大豆、棉花等八类）长势评估和产量预报，取得了巨大的经济效益。①此外，利用遥感卫星对农业保险进行辅助，便于分级定损，对作物受灾程度进行中、宏观评估。

2. 在远洋渔业方面

自20世纪70年代以来，科学家们利用气球、直升机和飞机实施机载遥感（ARS）研究和管理渔业。美国是最早开始卫星遥感技术研究的国家，从20世纪70年代开始陆续发射了各式陆地、海洋遥感卫星，如著名的Landsat系列陆地遥感卫星等。海洋遥感卫星系列比较著名的有Seasat A号、Nimbus号等，专用于观测海洋生态环境信息的传感器有SeaWi Fs、Ikonos等，可用于观测多种海洋环境因子，如海表温度、叶绿素a浓度、海面高度等。②海洋管理包括测量海面温度、海洋颜色、海面盐度、洋流和海面高度等多个方面。与卫星数据配对的生物数据分析是确定栖息地偏好的最有力手段之一，也可以最大限度地减少非法捕鱼的影响。在美国和澳大利亚等国家，商业渔民依靠卫星数据以有效方式找到有生产力的渔场。1971年，美国Laurs第一次根据遥感卫星数据及其他海洋和气象信息，制作出了包括海洋温度锋面在内的渔情信息产品，并通过无线传真发送到美国在太平洋生产的金枪鱼渔船，标志着美国应用卫星遥感技术开展渔场信息分析应用的开始。1980年后，NOAA通过其所属的分支机构向美国渔民提供每周的助渔信息图。NASA及其他组织也采用NOAA系列、GOES等卫星观测数据为美国西海岸渔船制作了渔场环境图。③美国政府划拨出公共资金向渔民提供的助渔信息图等遥感

① 佟岩：《卫星遥感技术行业应用效益评价研究》，硕士学位论文，哈尔滨工业大学，2008年。
② 刘亚飞：《海洋遥感技术及其渔业应用研究》，硕士学位论文，浙江海洋大学，2016年。
③ 樊伟：《卫星遥感渔场渔情分析应用研究——以西北太平洋柔鱼渔业为例》，博士学位论文，华东师范大学，2004年。

卫星数据应用，帮助渔民缩小了搜索鱼群的范围，使搜索时间缩短了
50%，节省了大量燃料费用，大幅降低捕捞成本并提高了生产力。例如，
卫星数据使太平洋西北地区的鲑鱼和长鳍金枪鱼渔业每年节省 50 万美
元。[1] 此外，远程光学传感器还具备在远程储备中挑选船只的能力。

3. 在测绘业方面

美国利用卫星形成的土地利用和土地覆盖（LULC）地图成为了解气
候变化对水文、生物多样性、碳动态变化、人口、移民和城市化方面影
响的有力工具。LULC 地图可以有效地展示视觉数据，帮助决策者和相
关工作人员实现可持续地利用资源。在东部非洲，NASA-SERVIR 和美国
国际开发署在马拉维、卢旺达、坦桑尼亚、赞比亚及纳米比亚等九个国
家开展了一项为期 3 年的项目。对于许多不熟悉使用遥感卫星数据的发
展中国家，LULC 测绘项目可以作为基线项目（Baseline Project），也是建
立遥感能力的良好起点。该项目利用陆地卫星（Landsat）图像制作了基
线土地覆盖图，并在参与国内实施了能力建设工作。在该项目下开发的
地图主要用途是支持向联合国气候变化框架公约（UNFCCC）[2] 报告温室
气体排放估算的国家进程。除了非洲的政府机构外，该项目还汇集了美
国和非洲其他地区的战略合作伙伴，从总体效果上看是比较成功的。在
土地利用和土地覆盖映射方面，Landsat 卫星图像具有强大优势，因为在
过去 40 年中 Landsat 卫星收集的数据具有时空一致性和可靠性。部分图
像是免费提供的，并且可以通过合理的互联网链接方便地访问，因此在

---

① Dovi Kacev, Rebecca L. Lewison, "Satellite Remote Sensing in Support of Fisheries Management in Global Oceans", *Earth Science Satellite Applications*, Vol. 24, 2016, pp. 207 –222.

② 2007 年 12 月 3—15 日，《联合国气候变化框架公约》缔约方第 13 次会议暨《京都议定书》（以下简称《议定书》）缔约方第 3 次会议在印度尼西亚巴厘岛举行。会议的主要成果是制定了"巴厘路线图"（Bali Roadmap）。"巴厘路线图"主要包括三项决定或结论：一是旨在加强落实气候公约的决定，即《巴厘行动计划》；二是《议定书》下发达国家第二承诺期谈判特设工作组关于未来谈判时间表的结论；三是关于《议定书》第 9 条下的审评结论，确定了审评的目的、范围和内容，推动《议定书》发达国家缔约方在第一承诺期（2008—2012 年）切实履行其减排温室气体承诺。"巴厘路线图"在 2005 年蒙特利尔缔约方会议的基础上，进一步确认了气候公约和《议定书》下的"双轨"谈判进程，并决定于 2009 年在丹麦哥本哈根举行的气候公约第 15 次缔约方会议和议定书第 5 次缔约方会议上最终完成谈判，加强应对气候变化国际合作，促进对气候公约及《议定书》的履行。

发展中国家尤其受欢迎。但是，使用 Landsat 图像时由于图像分辨率和质量可能会出现问题，有时需要进行图像校正才能准确地解释数据。譬如，在图像采集期间浓雾和云层覆盖的大气条件可能会对数据的质量产生损害。如果没有这样的校正，则需要通过现场观察和谷歌地球等其他资源来佐证图像数据，以获得更好的准确性。编译数据后，通过正确定义分类主题（Classification Themes）保持数据整体一致性，这对于涉及多个机构、国家和利益相关方的大型项目尤其重要。可见，卫星产业对发展美国本土测绘业与跨国合作测绘项目均起到一定积极作用，并扩大了美国卫星产业的全球影响力。

4. 在灾害的防范与救助方面

美国卫星产业对于常见灾害的防范与救助起重要作用，如滑坡、洪水、地震以及森林火灾、飓风、台风和火山爆发等。气候的变化在不具备卫星监测能力的国家和地区显得变幻莫测，对洪水、干旱和海平面上升的威胁无法做出预判和有效防范，对受灾后的损失估计难以做出恰当的补救与估计。这正是具备卫星监测能力的国家在常规手段不可用情况下能够做出快速反应的优势。

在监测飓风方面。自 2005 年以来，19 次大西洋飓风袭击了美国，造成超过 2000 人的伤亡和估计在数千亿美元的损失。① 特里娜飓风至少使美国 28 个州和所属地区受到大西洋飓风和热带气旋的严重影响，卫星在救援方面一直在不断改进对飓风的预报、准备和搜救功能，对于受灾地区恢复日常状态和挽救生命方面功绩卓越。2017 年 9 月，当飓风玛丽亚登陆波多黎各时，陆基雷达失效，由 GOES - 16 气象卫星为预报员提供了有价值的实时图像（见图 6 - 4）。

在滑坡事件方面。美国航空航天局制作了全球滑坡事件清单（图6 - 5），提供了世界各地山体滑坡影响的清单，包括相关的死亡人数。全球范围内的滑坡事件清单对于估算人员和经济损失，量化滑坡发生与

---

① SIA，When Hurricanes Strike Satellites Play a Critical Role in Saving Lives Before and After a Hurricane，https：//www. sia. org/wp-content/uploads/2017/10/Mktg17-Hurricane-Document-FINAL.

图 6 - 4 飓风玛利亚登陆气象

资料来源：美国国家海洋和大气管理局官网，https：//www.noaa.gov。

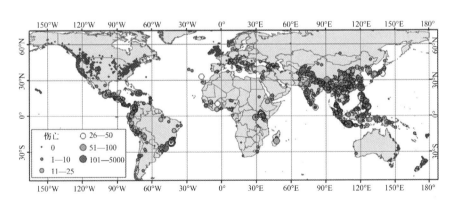

图 6 - 5 全球 7000 例滑坡伤亡统计（2007—2015）

资料来源：美国国家航空航天局。

气候变化之间的关系以及预测未来的灾害具有重要作用。目前美国航空航天局正在探索复杂技术，以便更深入地了解导致山体滑坡的条件。诸如 MODIS、穿梭雷达地形任务（SRTM）和合成孔径雷达（SAR）技术等光学遥感传感器正被用于统计滑坡范围、频率等信息，用于评估山体

153

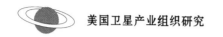
滑坡的土壤湿度、坡度及坡向等。

在防洪救灾方面。常规天气预报在预测方面存在滞后性，由洪水研究的顶级专家组成的全球洪水工作组（GFWG）主张使用卫星数据预测洪水淹没区域。可快速进行大范围、立体性的灾害监测。卫星数据可以不受地面灾害状况阻碍提供地面连续的立体图像，便于从整体上把握受灾情况，有助于调配资源科学救灾。非洲赞比西河流域（ZRB）的洪水救济服务是由 NASA 资助，使用 MODIS 卫星数据开发的。

在抗旱救灾方面。2014 年，美国加利福尼亚州的干旱影响了其 3800 万居民，仅当年的损失就已超过 22 亿美元。NASA 对于干旱监测（USDM）任务进行整合汇总各种数据集，以说明干旱条件的发生和程度。卫星应用和决策支持系统被用于监测积雪中储存的水供应，进而判断干旱对农业生产和地下水枯竭的影响。这些持续的努力是为了确保加州在当前干旱之后得以逐渐恢复，并且这些数据成为加州和世界其他易受干旱影响地区的水资源管理者可参考的依据。

在地震救援方面。卫星技术能够科学预测灾害的发生，便于人们做好灾前准备工作，进行人员疏散，减少伤亡与财物损失；在地震过程中及时获取灾情信息，有效展开救援工作；在灾后评估受灾损失，降低劳动工作量。美国 NASA 与其他国际机构在 2015 年尼泊尔 7.8 级地震和随后发生的几次余震中，利用卫星技术快速响应，在第一时间为救灾决策提供第一手资料。因此对于灾害监测和救灾决策支持来说，卫星遥感技术具有迅速、准确、可靠和节约资源的优点，是地震救援中不可或缺的重要手段。

5. 在城市问题方面

NASA 科学家使用许多不同的工具、数据集和方法来研究新型冠状病毒肺炎（COVID–19）对地球系统的影响。检测仪器上的互补数据集有助于更深入地揭示因 COVID–19 的停工对环境产生的变化。来自 NASA 和美国地质调查局联合卫星的热数据显示，在 COVID–19 大流行期间，城市热岛效应有所减弱。

图 6–6（左）显示 2018 年 4 月旧金山上空的温度，图 6–6（右）

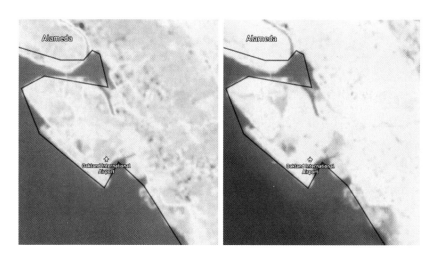

图 6-6　2018 年 4 月与 2020 年 4 月，旧金山上空温度对比

显示 2020 年 4 月旧金山上空的温度。科学家研究发现，大型停车场、高速公路走廊和商业屋顶的平均温度为 5—8 摄氏度，与往年相比，2020 年 3 月至 2020 年 5 月温度更低。例如，美国国家航空航天局阿姆斯研究中心（Ames Research Center）的科学家们发现，关闭的非必要营业的企业附近空荡荡的停车场，再加上较少地面交通带来的更清洁的空气，意味着从深色沥青和水泥表面辐射出的太阳热量不会像过去那样停留在附近地面。相反，热量迅速消散，使城市环境降温。

三　社会与政治效应

1. 国家安全与战略效应

卫星产业除在救灾或战时承担无偿快速响应的社会责任外，在和平时期可作为维护国家安全、部署国家战略的重要途径。当前的世界秩序已从美国治下的单极世界成为一个复合世界，权威挑战国（对手）的增加无疑动摇了美国的霸主地位。美国为继续维持世界霸权积极调整国家战略，意图"重返亚太"，以经济与军事政治"双轮驱动"① 恢复全球

————————

① 陈志恒、崔健、廉晓梅、胡仁霞、姜梅华、吴昊：《东北亚国家区域合作战略走向与中国的战略选择（笔谈）》，《东北亚论坛》2014 年第 5 期。

"统治力"。在经济贸易、国家战略决策、军事行动和国土安全等方面，美国卫星产业均发挥了重要作用，为决策者提供了"毫无限制"① 的全球介入能力。卫星产业的这种高"介入能力"对不具备同等技术水平的国家形成威慑作用，并可通过经贸来往、卫星技术合作深化为建立卫星政治军事同盟关系，通过航天外交构建以美国利益为核心的区域秩序，维护和巩固美国世界霸权并威慑美国认为的潜在"对手"。威慑理论源远流长，《孙子兵法》中的"不战而屈人之兵"即是一种威慑的结果。冷战时期，任美国外交关系协会威慑政策政治和战略问题讨论小组研究秘书的基辛格认为"威慑政策试图使某种方针看起来不如其他可采取方针那般有吸引力，借以阻止采取这种方针"。② 在现代战争中核武器最具有破坏力，而具备卫星发射能力的国家也具备弹道导弹发射能力，与核能力一脉相承。

卫星产业的经济效益与威慑力使其成为美国对外势力渗透之利刃。冷战后，美国卫星产业全球领先，不仅能为美国带来可观的经济收益，同时又是军力的"倍增器"和国防战略的"赋能器"。③ 美国新古典现实主义政治经济学的代表斯蒂芬·洛贝尔（Steven E. Lobell）认为，为了延缓霸权衰落、延长霸权任期，霸权国必须选择能够同时注重国家财政资源限制和国家安全利益重要性的战略，而卫星产业恰能满足这一诉求。具有拥挤性（Congested）、对抗性（Contested）和竞争性（Competitive）"3C"特征的太空（Space）是世界大国必争之"全球公域"，"制太空权"亦是美国确保战略优势的重点。美国对外实施卫星产业渗透主要包括合作战略与威慑战略。美国利用卫星产业优势对外开展航天外交，实施卫星军事布防，将全球各个区域纳入美国观测范围以确保美国本土"绝对安全"。作为世界卫星强国，美国已经习惯依靠卫星能力作为科学进步、信息时代经济和国家安全的基石。④

---

① 夏立平：《美国太空战略与中美太空博弈》，世界知识出版社 2015 年版，第 22 页。

② ［美］亨利·基辛格：《选择的必要：美国外交政策的前景》，国际关系研究所编译室译，商务印书馆 1972 年版，第 18 页。

③ 何奇松：《"天基丝路"助推"一带一路"战略实施——军事安全保障视角》，《国际安全研究》2016 年第 3 期。

④ Todd Harrison, Kaitlyn Johnson, Thomas G. Roberts, Space Threat Assessment 2018, https://aerospace.csis.org/space-threat-assessment-2018/.

"星链计划"是美国 SpaceX 公司的一项庞大计划，该公司计划在 2019 年至 2024 年组建约 1.2 万颗卫星构成的"星链"网络，后续预计再增加 3 万颗，使得卫星总数量达到约 4.2 万颗。继 2018 年 3 月，"猎鹰 - 9"运载火箭搭载的两颗试验星测试成功后，2019 年 5 月 23 日，SpaceX 公司利用"猎鹰 - 9"运载火箭成功将"星链"首批 60 颗卫星送入轨道，迈出该公司构建全球卫星互联网的重要一步。此后，该公司展开一系列商业发射，截止至 2022 年 5 月，在围绕地球运行的 5465 颗卫星中，"星链"商业通信卫星在轨数量已经达到 2219 颗，比例高达 40.60%。而这些数量庞大的卫星，仅仅耗时近 3 年左右。2022 年 8 月 31 日，携带 46 颗"星链"卫星的"猎鹰 - 9"运载火箭再次从范登堡空军基地升空。

"星链"既蕴藏巨大商业价值，也是商业采购服务于军事需求的便利手段。2022 年 9 月 30 日消息，卡塔尔通信监管局（CRA）已颁发许可证，批"星链"卫星卡塔尔公司提供公共卫星电信网络和服务，并获得时任通信和信息技术部长的穆罕默德·曼奈的许可。2022 年 10 月 11 日，SpaceX 公司 CEO 马斯克宣布已在日本推出"星链"互联网服务，这使得日本成为亚洲第一个部署该卫星通信系统的国家。目前已有多国批准"星链"在本国的服务，"星链"的覆盖情况分为高容量区、低容量区和未覆盖区（如下图 6 - 7 所示），高容量区可得到高速、低延迟的互联网服务，低容量区高峰时间网速会较慢。但是俄罗斯、白俄罗斯、中国、伊朗、阿富汗、叙利亚、委内瑞拉等国家无法使用该网络。

2. 科研辅助效应

2016 年，美国 SpaceKnow 公司以商业卫星拍摄一段时间内中国六千多个工业基地图像，通过体现经济活动变化的图像为基础了解中国经济情况并作出分析，形成了中国卫星制造业指数（SMI）。2017 年 4 月，NASA 发布了被誉为迄今可获得的最清晰全面的研究地图——夜间灯光地图，可以使学者对地球上人口聚集分布和经济活动规模有了更直观的认识。夜间灯光亮度基本能反映生产、服务、居民消费等经济活动的活跃程度。人口聚居规律、城市化发展进程和区域经济发展水平等信息，

图6-7　"星链"覆盖情况

都会暴露给夜间俯拍地球的卫星。根据 MarketWatch 网站报道，三位美国专家研究了中国夜间灯光地图后惊讶地发现，中国经济取得的实际成就，可能要比官方 GDP 数字反映的还要惊人。两位美联储纽约分行的专家和哥伦比亚大学的一位教授表示，中国经济在金融危机后表现强劲，甚至超出了中国官方给出的 GDP 数字。

第三节　本章小结

本章主要利用 SCP 范式对美国卫星产业的市场绩效（P）进行分析。由于传统 SCP 框架中的利润率等指标缺乏长期性考量，因而并未采用传统模式。本章对市场绩效的分析主要从两方面展开：一是直接绩效，二是间接绩效。

在直接绩效分析中，主要从美国卫星产业的各个细分领域进行研究，主要包括四大领域：卫星服务、卫星制造、发射服务和地面设备制造。

从美国卫星产业各领域收入水平占其卫星产业的总量上看，四大领域发展并不均衡，处于上游的卫星制造业与发射服务业产值较少，而处于下游的地面设备制造业与卫星（运营）服务业产值较高。

在间接绩效分析中，首先，通过菲德两部门模型测算结果进行定量分析。美国卫星产业部门对总产出（GDP）的贡献为7.276，但是因为卫星产业产出在美国经济总产出中占比很少，导致$\frac{\dot{S}}{S} \cdot \frac{S}{Y}$序列数值非常小，因此该合成作用对总产出的贡献不大。此外，美国卫星产业对非卫星产业产生0.091个单位的正溢出效果。同时，美国卫星产业部门相对边际生产力落后于非卫星产业部门，如果能缩小美国卫星产业部门与非卫星产业部门相对边际要素生产力的差异，将使其对总产出的负向影响变小，对总产出的增长有正向意义。可见，对于卫星产业一类带有国防军工性质的产业，在产业市场化发展初期，投入大、生产周期长，在短期内对经济增长的直接促进效果并不明显，其效果往往是以促进其他产业部门对经济增长的贡献反映出来。其次，对美国卫星产业在农业发展、远洋渔业、测绘业以及自然灾害的防范与救助等领域起到的促进作用进行定性分析。美国国家航空航天局（NASA）及私人卫星公司在本土和世界范围内提供有偿或无偿的卫星服务，运用卫星技术这一强有力的工具，提供了解决与地球环境和可持续发展有关问题新思路。最后，阐述了卫星产业作为具有战略意义的新兴产业为美国国家安全和国家战略制定带来的特殊效应以及对社会科学研究的辅助效应。

第七章 美国卫星产业组织的
总体评价

美国卫星产业组织拥有基础实力雄厚、管理体系科学完善、政府扶持与鼓励商业化并举、强化国际战略合作与交流及天然地理条件等优势；也存在垄断程度高、对外封闭性强、从业人员数量下滑、产业发展后续乏力和商业运作推高市场风险等问题。

第一节 美国卫星产业组织中结构、
行为、绩效的关系

哈佛学派观点认为市场结构决定市场行为，市场行为又进一步决定市场绩效。而现阶段SCP分析框架经过改良与变迁已不是结构主义盛行时期的单向关联范式，而是可以将特定产业组织研究的主要内容包容在一个简洁框架中进行深入分析的逻辑结构，现代产业组织理论认为市场结构、市场行为与市场绩效之间并不是简单的单向决定关系，三者之间的关系往往是复杂的、多变的，是相互影响的，并将研究重点从市场结构转向市场行为。可见，不同历史时期美国卫星产业发展状况不同，应当结合时代背景采用不同分析理论综合考虑市场结构、市场行为与市场绩效三者之间的关系问题。根据美国卫星产业发展的不同历史阶段，市场结构、市场行为与市场绩效三者之间的关系是有变化的，起关键作用的因素是有差异性的。

第一，在美国卫星产业的准备阶段，发展卫星产业所必备的运载火箭等关键技术才刚刚起步，卫星产业处于待发展阶段，"卫星产业"尚未形成规模。因此，市场结构、市场行为与市场绩效之间的关系尚处于逐步建立阶段。

第二，在美国卫星产业的高速发展时期，市场结构是三者中的核心。在美苏争霸、两极格局的历史背景下，美国首先关注到卫星技术的国际政治影响力和国防军事作用。在政府政策的扶持下卫星产业从无到有，行业协会的建立、洛克希德·马丁及波音公司的成立标志着卫星"产业"逐渐初具规模。在这一阶段中，政府政策直接影响卫星产业市场结构；完全寡头垄断的市场结构和完全由政府采购的单一销售渠道，使得市场行为完全取决于当时的市场结构；而被简单市场行为所决定的市场绩效也并未引起广泛关注，卫星产业更多是作为一种"国家威信"的象征意义存在。这恰好与哈佛学派盛行时期的结构主义理论观点不谋而合。

第三，在美国卫星产业平稳发展商业化时期，市场行为是三者中的核心，但三者的关系具有复杂性。随着卫星产业不断发展，在冷战结束、国际政治与经济环境变化的背景下，卫星产业的经济效益受到广泛关注。如何使政府对产业放松管制、激发市场机制活力成为新时期主题。然而，不同于一般产业，卫星产业是具有战略意义的特殊产业，如新奥地利学派所主张的市场完全自由化、政府完全不加干预是不实际的。美国政府利用法案与政策，规范并鼓励卫星产业在国家安全框架内进行产业市场的发展。因而，政府的产业政策与资金扶持等措施对卫星产业的市场结构与市场行为都存在重大影响。如限制高清晰度卫星产品出口的局限性与鼓励商业化发展的优越性都是美国政府相关法案与政策带来的，产业的政策导向对卫星这种战略性新兴产业的市场绩效作用显著。一方面，一般寡占型的市场结构直接影响该产业内部企业之间的关系，也决定了这些企业在市场中的相互关系和各自采取的行为，即在市场行为中既存在以兼并为主的竞争行为，也存在以卡特尔为主的市场协调行为；而市场行为也会反作用于市场结构，美国卫星产业各企业之间进行的大规模兼并行为，在某种程度上加强了市场集中程度，但与此同时，不可忽视的是政府对卡特尔的抑制与对卫星市场商业化运营的鼓励政策，使美国卫星产业在维持一般寡占的市场结构下焕发商业活力，才能拥有全球领先的市场绩效。另一方面，卫星产业内各企业根据每一阶段的绩效评估，在总结上一个阶段的发展经验后，将适时调整和改变经营策略，继而影响市场结构与市场行为也发生变化。因此，在美国卫星市场日益成熟时期，卫星产业的市场结构、市场行为和市场绩效之间的关系是双向互动的，其相互关系如下图（图 7 - 1）所示。

图 7 - 1　新 SCP 理论框架示意

资料来源：笔者汇总编制。

第二节　美国卫星产业组织优势

美国卫星产业总收入在近 20 年中始终列首位并保持持续增长，因此对美国卫星产业组织优势进行研究和分析是有必要的。美国卫星产业不同于一般产业，其特殊的政治经济作用使得该产业一直处于国家安全框架之内运行，监管较为严格，为产业发展从顶层设计层面出台了诸多法律法规和政策法令。美国卫星产业市场结构属于一般寡占型，从市场结构类型上看虽然可以获得规模经济效益，但是相对一般产业其市场竞争性不强。大企业之间的兼并行为导致垄断寡头实力强大，寡头之间的卡特尔行为令卫星产品市场价格偏高。因而，美国政府为增强产业内部竞争性通过法律政策、资金扶持以及技术支持等方式鼓励卫星企业蓬勃发展。尽最大限度采用商业采购模式，实现卫星产业商业化运作，从而激发市场活力，优化寡占型市场结构与改善不利于竞争的市场行为。

一　擅用市场机制改善寡占型市场结构

美国卫星产业的市场准入有严格标准来管控，并不能像一般产业那样具有完全的自由竞争性，使其市场集中度高，属于一般寡占型。但是，美国卫星产业准入管理制度并非只有限制制度，各类促进商业化进程的激励制度与扶持政策对于改善寡占型的市场机构、促进市场竞争起到了积极作用。

美国向太空前沿领域的扩张对国家安全和经济增长至关重要。商业卫星资产是美国国防计划和行动的重要组成部分，并通过通信、位置支持、地球观测以及这些能力的组合来增强传统的陆地经济活动，成为经济增长的"倍增器"。商业活动扩张的步伐取决于政府的运输基础设施、安全和法律框架的能力。因此，政府必须提供一个更稳定、更安全的环境，并通过与商业卫星企业之间的合作和协调，让卫星产业的商业活动得以蓬勃发展。

1. 各类法规政策激发市场活力

政府颁布各类法律法规以鼓励和扶持美国卫星产业中的新兴私营企业在较集中的市场集中度下进入市场，激发市场竞争活力，改善产业集中度，缓解市场行为中的卡特尔。美国政府为实现公平交易、改善市场集中程度颁布了大量的法律法规、推出了一系列优惠政策。要求政府部门为卫星企业使用政府设备和数据提供便利、对于现有的卫星产品与服务要尽最大限度进行利用、非国家安全需要不得阻碍商业行为等。

从 1984 年的《商业太空发射法案》到 2017 年《美国航天局过渡授权法案》，一系列法律法规地提出为美国卫星产业市场的逐步成熟提供了有效的法律依据。市场逐步成熟为更多私营企业的进入提供了可能，改善了过于集中的市场结构和卡特尔等市场行为。通过法律与政策鼓励新兴卫星企业进入市场，美国卫星产业在政府规制的国家安全框架内实现商业化发展，为美国卫星产业商业化运营提供了制度保障。

此外，政府出台的一系列扶持卫星产业商业化的政策在商业发射、

卫星研发等领域明确规定了市场主体的进入条件、行为准则、法律责任
与权利等，并在实施过程中不断完善。从 1962 年的《通信卫星法案》
鼓励商业卫星企业参与航天活动，到 2015 年 5 月通过的《商业航天发射
竞争法》等议案，还出台了支持商业航天的一揽子资助计划，旨在为商
业航天发展营造良好环境。此外，美国还将进一步简化商业航天相关规
定，加强市场机制的调节作用；加强与私营卫星企业的合作，在必要时
给予私营企业更多国家支持和保护。

例如，在商业遥感领域，美国政府先后 4 次修正商业遥感政策及法
案，允许商业公司向市场销售的光学卫星图像分辨率由 1m 提高到
0.5m，现在又提高到了 0.25m；雷达遥感卫星图像的分辨率由 3m 提高
到 1m，显著增强了美国商业遥感卫星在世界遥感市场的竞争力。[1] 特朗
普政府将对航天相关政府部门、政策法规做大规模调整，包括商业卫星
在内的商业航天将得到更大的重视、获得更多的机会。[2] 2017 年 3 月特
朗普总统签署《美国国家航空航天局过渡授权法案》，强调公私伙伴关
系，尽量使用商业方式促进产业发展，且须以美国公司为主。在近 55 年
中，美国政府通过制定和修订各项促进卫星产业市场商业化的政策，实
现美国卫星产业高质量发展（见表 7 - 1）。

表 7 - 1 美国政府对商业卫星领域的支持政策

细分领域	颁布时间	政策名称	作用
商业发射	1984	《商业太空发射法案》	许可制度、监督机构、责任；保险制度及政府扶持政策等方面规范、鼓励、促进私营企业参与商业航天发射活动
	1998	《商业太空法案》	
	2010	《美国国家航天政策》	
卫星通信	1962	《通信卫星法案》	鼓励商业卫星通信产业发展
	1996	《电信法案》	
	2000	《轨道法案》	

① 黄志澄：《美国商业航天发展的经验教训》，《国际太空》2019 年第 1 期。
② 贺鹏梓：《从人事看特朗普的航天布局——美国商业航天前瞻之二》，《卫星与网络》
2016 年第 11 期。

续表

细分领域	颁布时间	政策名称	作用
卫星导航	1996	《全球定位系统政策》	为卫星导航系统建设及应用等活动提供政策指导和执行指南
	2004	《美国天基定位、导航和授时政策》	
卫星遥感	1984	《陆地遥感商业化法》	逐步放宽政府对高分辨率卫星遥感数据的管控权限，允许私营企业涉足高分辨率商业遥感卫星的发射和运营
	1992	《陆地遥感政策法案》	
	1994	《商业遥感政策》	
深空探测	2015	《商业航天发射竞争法案》	鼓励创新，降低未来近地轨道和深空探测任务成本
载人航天	2006、2010	《国家航天政策》	鼓励私营企业参与载人航天与货物运输竞争
	2013	《国家航天运输政策》	
	2017	《美国航天局过渡授权法案》	

2. 各类新兴企业不断涌现

对于取得发射许可且满足国家发射需求的本国私营企业，会给予政府补贴等扶持其快速发展以改善市场垄断。在政策的激励下，新兴私营卫星企业大量出现并迅速发展，扩展至产业链的各个环节，有助于美国卫星产业市场形成良性竞争的环境。进入 21 世纪以来，美国历届政府都十分重视卫星产业发展，并认为美国卫星产业市场结构的改善非常迫切。卫星产业只有实现良性竞争，才能使卫星技术实现更快突破，才能使政府采购有更大选择空间，降低采购成本。在政策支持下，美国卫星产业在各个领域都涌现出各有特色的新兴卫星企业（见表 7 - 2）。

这些企业的出现填补了原有市场生产能力不足的缺口，使寡占型市场结构中的垄断局面得以改善，市场行为中的竞争性得以加强，这些私营企业成为全球瞩目的新星，也为政府财政支出减轻了负担。

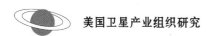

表7-2 美国商业卫星各领域代表公司

领域	代表公司	成立时间	主营业务	主要产品
运载火箭	SpaceX	2002	商业卫星发射	猎鹰-9、猎鹰重型火箭
	Blue Origin	2000	商业卫星发射	New Glenn 火箭
	Orbital ATK	2015	中小型太空运载火箭及商业推进系统	Pegasus、 Minotaur、 Antares 运载火箭
	Firefly Aerospace	2017	低成本小火箭	Firefly Alphy 和 Firefly Beta 火箭
	NorthropGrumman	1994	军用卫星发射	牛头怪1号和飞马座 XL
卫星制造	Orbital ATK	2015	开发中小型人造卫星	Star2 平台、通信卫星、观测卫星
	Maxar	1969	光学和雷达遥感卫星影像及航天器在轨服务等	SAR 卫星
	Sidus Space	2012	专注于商业卫星的设计、制造、发射和数据收集	LizzieSat 多任务卫星
卫星遥感图像	DigitalGlobe	1992	提供遥感分辨率商业影响数据及高级地理太空解决方案	Word View 遥感卫星、GBDX 大数据平台
	Planet Labs	2010	地球观测成像	Dove 卫星星座
	Blacksky Global	2018	地理空间情报	小型地球遥感卫星
卫星数据服务	ViaSat	1986	提供高速固定和移动宽带服务、卫星和无线网络服务	Viasat 系列宽带卫星
	Spire Global	2012	为政府和商业客户采集气象数据	致力于部署一个气象卫星网络
	Orbital Insight	2013	通过分析卫星来获取和售卖图像数据,结合人工智能算法为企业提供数据分析服务	正在建设能大规模地处理、分析各种地理太空数据的分析平台
	SpaceKnow	2013	将卫星图像数据与高级统计数据、机器学习和行业专业知识相结合来提供相关情报	可提供经济、国防、能源等方面情报,也可为用户定制解决方案

续表

领域	代表公司	成立时间	主营业务	主要产品
太空旅游	Blue Origin	2000	商业太空飞行	New Shepard 飞船
	SpaceX	2002	商业太空飞行	Starship 飞船
	Virgin Galactic	2004	亚轨道飞行	SpaceShipTwo 飞船
载人及货运	SpaceX	2002	国家太空站货物补给或载人	龙飞船
	Orbital ATK	2015	为国际太空站提供补给服务	"天鹅座" 飞船

资料来源：笔者整理做出。

　　如太空探索技术公司（SpaceX）与蓝色起源（Blue Origin）公司等都是激励政策下的受益企业。20 世纪 80 年代以来，美国政府与 NASA 长期致力于吸引新厂家参与竞争国家安全与商业航天，但美国联邦政府投于航天项目上的经费仍被产业寡头所掌控。2011 年至 2017 年，美国政府在太空平台与高超音速技术上投资 830 亿美元，洛克希德·马丁公司、波音公司以及二者合资的联合发射联盟公司拿到了合同总额的一半以上。[①] 联合发射联盟是于 2005 年由波音和洛克希德·马丁各自出资50% 成立的，联合发射联盟几乎垄断了美国政府机构和 NASA 的项目，发射报价居高不下。早在 2013 年，一次性运载火箭（EELV）项目当中，联合发射联盟对空军索要的单次发射费用成本超过 3.8 亿美元，还需要附加运营费用 10 亿美元。

　　以低成本策略打入市场的 SpaceX 公司发射运载火箭且包括运营费用的单次发射成本仅为 1 亿美元。2015 年 5 月，SpaceX 获得了美国国家安全载荷发射资质，并于 2017 年 5 月用 "猎鹰 – 9" 火箭成功完成首次军用侦察卫星发射任务。又于 2019 年 2 月，获得美国国防部的军事订单，SpaceX 与其竞争对手联合发射联盟将分拆 6 次军事太空发射任务。其中

----

　　① 佚名：《波音、洛马和 ULA 垄断美政府航天投资 SpaceX 作为 "新航天" 代表参与竞争》，《卫星与网络》2018 年第 4 期。

SpaceX 获得 2.97 亿美元军事发射合同，将为美国国家侦察办公室（National Reconnaissance Office）执行 2 次发射任务，即机密任务 NROL－85 和 NROL－87，并为美国空军太空司令部（Air Force Space Command，AFSPC）① 执行 1 次发射任务，即 AFSPC－44 发射空军卫星任务。在 SpaceX 研制出可回收火箭成功后，大大降低发射成本，洛克希德·马丁公司和波音公司以及二者合资形成的联合发射联盟对美国军方的报价不得不斟酌，使深受高价之苦的美国军方得以舒缓，SpaceX 公司骤然成为参与政府合同竞争的新兴企业。

蓝色起源（Blue Origin）公司于 2018 年 10 月获得美国空军的军事合同，美国空军将向蓝色起源公司、诺斯罗普·格鲁曼公司与联合发射联盟提供三份总价值约 20 亿美元的合同来开发发射系统原型，蓝色起源公司获得了空军 5 亿美元的资金，且每家公司获得 1.81 亿美元的初始奖励。政府的这些做法打破了洛克希德·马丁、波音公司及联合发射联盟对政府订单的长期垄断，对改善卫星产业市场结构发挥了巨大作用。

位于加利福尼亚州旧金山的初创公司 Loft Orbital，于 2023 年 2 月宣布成立了一家新子公司 Loft Federal，专注于美国国家安全市场。两年前，Loft Orbital 被选中为美国近地轨道军事实验建造一颗卫星，并赢得了一份小型在轨边缘计算商业研究合同。该公司建造了"Condosats"卫星，即承载来自多个客户的有效载荷的卫星。Loft Orbital 公司曾在社交媒体中发文表示，新子公司的创建扩大了与联邦政府的工作和伙伴关系。该公司自认从首次发射卫星以来，一直将美国政府视为最重要的客户之一，新创建的 Loft Federal 公司，将空间基础设施作为服务提供给美国国家安全客户。

政府部门这些对市场管制与激励并举的措施，使得新兴卫星企业在获得市场准入后能够有实力与老牌在位企业争夺市场。虽然仍存在垄断寡头，但私营企业的进入激励了市场竞争行为，在一定程度上使被大企

---

① 美国空军太空司令部（Air Force Space Command，AFSPC）成立于 1982 年，位于科罗拉多州彼得森空军基地，主要任务是对攻击北美的海基发射的或洲际弹道导弹提供早期预警。AFSPC 也可以监视所有人造空间物体，执行空间发射任务和管理陆基洲际弹道导弹的控制权。

业垄断的、过度集中的卫星产业市场结构得以改善。使得在美国卫星产业集中度仍然很高的情况下，卫星产业的市场成熟度与商业化发展程度仍然居于全球领先地位。

二 管理层引导美国卫星产业市场行为

美国卫星产业的管理机构设置合理，从决策层、计划管理层到执行层，形成了较完善的管理网络，卫星产业管理体系设置是比较科学完善的，这为优化寡占型市场结构与改善不利于竞争的市场行为提供了前提和保障。

1. 总统颁布的法令

美国白宫①发布了一系列关于太空发展顶层设计的法令，为引导和规范各类机构和企业的市场行为提供了框架。2017 年 12 月的"太空政策 1 号令"（SPD – 1）指示 NASA 与商业和国际合作伙伴以可持续的方式将人类送回月球；2018 年 5 月颁布了"太空政策 2 号令"（SPD – 2），概述了针对商业太空活动的一系列监管改革；2018 年 6 月的"太空政策 3 号令"（SPD – 3）解决了空间交通管理问题；2019 年 2 月颁布"太空政策 4 号令"（SPD – 4）呼吁建立太空部队，并于同年 4 月，创建了空间信息共享和分析中心（Space Information Sharing and Analysis Center, Space ISAC），这是一个交换与空间相关的网络安全威胁信息的组织；2020 年 9 月发布"太空政策 5 号令"（SPD – 5）太空政策指令被称为第一个与卫星和相关系统网络安全相关的综合政府政策，并概述了一套机构和公司应遵循的最佳做法，以保护太空系统免受黑客攻击和其他网络威胁。"太空政策 5 号令"（SPD – 5）给予 Space ISAC 特别认可，认为应该在航天工业内共享威胁、警告和事件信息，尽可能使信息共享和分析中心等场所遵守相关法律。事实上，信息共享和分析中心（ISAC）自 20 世纪 90 年代末以来一直存在，它是由美国政府创建的，用于收集、

---

① 白宫（The White House）也称为白屋，是美国总统的官邸和办公室。1902 年被西奥多·罗斯福总统正式命名为"白宫"。位于华盛顿西北宾夕法尼亚大道 1600 号。白宫共占地 7.3 万多平方米，由主楼和东、西两翼三部分组成。

分析和传播有关影响特定部门的安全威胁的信息。此次的特别之处在于，是航天工业拥有了自己的信息共享和分析中心；2020年12月颁布"太空政策6号令"（SPD-6），主要申明了美国将研发太空核动力与推进系统（SNPP），阐述了国家太空核动力和核推进战略路线等；2022年，颁布了"太空政策7号令"（SPD-7），阐明了美国对天基定位、导航和授时（Positioning, Navigation and Timing, PNT）的政策，并强调建议政府和商业组织应该能够使用备用PNT技术，以防GPS信号可能的中断。该法令标志着16年来美国天基PNT政策的首次高级别更新。

2. 美国国家航空航天局计划

美国国家航空航天局（NASA）作为美国联邦政府的一个政府机构，负责美国的太空计划。由NASA主导提出航天计划，美国多家私营企业参与其中，使得卫星产业的发展符合美国政府的规划，为市场行为的框架提供了具体方向。一同参与的还有美国的盟国，包括欧洲、加拿大、澳大利亚、日本、阿联酋等国家和地区的航天机构等。例如，"重返月球"计划实际上早在小布什执政时期就提出过；2005年9月，NASA向白宫提交了旨在重返月球的"星座"计划；奥巴马执政时期一度将其搁置；2017年12月，特朗普执政时期签署了"太空政策1号令"，宣布美国将重返月球并最终将前往火星，由此催生了NASA的"阿尔忒弥斯"（Artemis）计划。登月计划又分为"阿尔忒弥斯"1号无人实验飞船任务、2号载人环月飞行任务以及3号月球南极载人登陆任务。"阿尔忒弥斯"计划分两个阶段：2019年到2024年为第一阶段，主要目标是登月飞船试验及对月球的无人探测等基础工作；2025年到2030年为第二阶段，完善建设月球轨道空间站和月球基地，实现人在月球长期驻扎，并完成一系列科学考察和试验任务。而私营公司SpaceX公司的"星舰"作为将"阿尔忒弥斯"项目中送宇航员上月球的月球着陆器。计划于2035年前后，以"阿尔忒弥斯"计划为基础建成长期有人驻守的大型基地，并以基地为中转站，将人类送上火星。美国国家航空航天局还向SpaceX公司、太空探索技术公司及联合发射联盟等公司提供"商业补给服务"，扶持更多公司投入到研究与开发中去。

NASA 在技术方面发挥引领作用，扶持商业卫星企业短期内获得核心竞争力。政策要求政府部门研发的卫星技术要及时向私营企业转移，新兴卫星企业由此获益，得到了美国政府大量的技术支持。NASA 利用自身技术优势加强对新兴卫星公司进行技术指导，为了帮助其发展和验证关键卫星技术，甚至采取直接向企业派驻技术人员等方法加速卫星技术转化。例如，NASA 为支持新兴卫星企业参与市场竞争分享了"阿波罗"号登月舱下降级发动机部分技术，该发动机已使用了几十年，无须过多考虑其可靠性问题，私营企业 SpaceX 以此成熟技术为基础开发了"灰背隼"发动机①，并用于"猎鹰"系列火箭的发射任务中，可以说是站在巨人的肩膀上，节省了企业大量时间和研发投入。不仅如此，NASA 还将大量核心技术骨干②派往 SpaceX 公司，助力其研发。国防和安全是美国商业对地观测数据最大的市场，而政府国防机构是主要的用户。

NASA 与国家成像与测绘局都在商业遥感卫星产品的销售中做出了重大贡献。NASA 制定了"商业遥感计划"（CRSP），使为 NASA 工作的科学家与卫星企业互相受益，并使美国航空航天局成为遥感卫星企业的优质客户。除了帮助促进产业发展之外，还帮助卫星企业进行产品外销。商业遥感计划的关键之一即是"科学数据购买计划"（SDP），该计划是为响应政府和国会号召，从私营企业手里购买合适的遥感图像用以满足美国航空航天局科学研究需求而提出的。

3. 其他政府部门作用

首先，美国政府通过许可制度对私营企业准入门槛进行严格监管，并出台一系列扶持政策支持卫星产业商业化市场发展。由于卫星产业的

①　运载火箭是航天产业发展的关键领域，而火箭的关键之处在于发动机。早在 20 世纪 60 年代，就已经开发了"灰背隼"发动机，它被称为世界最轻的火箭发动机。质量仅为 440kg，而推力可达 800kN，由于采用传统液氧/煤油推进剂，发动机体积较小，直径为 3.36 米的"猎鹰-9"一级火箭空间里安装了 9 台"灰背隼"发动机。

②　这些技术专家包括但不限于：美国最大的发动机制造商汤普森·拉莫·伍尔德里奇公司（TRW）的液体推进专家汤姆·米勒（TomMueller），他设计、制造过世界上最大的火箭发动机；波音公司的蒂姆·布扎（Tim Buzza），他做过 15 年德尔塔（Delta）号系列火箭的测试主管；麦道飞机公司（McDonnell-Douglas Corporation）的克里斯·汤普森（Chris Thompson），他是大力神号（Titan）火箭的首席设计师。

特殊性，尽管从全球情况看美国卫星产业商业化程度高，但是出于安全性等因素考虑的一系列准入许可的存在有合理性，也是美国实现卫星产业商业化有序发展的重要基础。卫星市场准入管理制度为美国私营企业进入卫星产业明确了界限与门槛。许可制度主要包括太空发射许可、遥感系统运营许可以及通信卫星业务许可的三大类商业航天准入管理制度。每种许可证都要通过严格的评审程序，主要包括申请协商、政策性评估、安全评估、有效载荷评估、赔偿能力的确认以及环境评估等。通过政策法规来明确准入范围、准入门槛及准入后的监管措施，是美国对卫星产业市场活动进行准入管理的普遍做法。各职能部门分管不同领域，例如国家海洋和大气管理局（NOAA）主要负责私营遥感卫星运营许可的颁发、美国联邦航空局商业航天运输办公室（FAA/AST）负责商业空间发射许可的颁发、联邦通讯委员会（FCC）主管商业通信卫星业务许可、美国地质调查局（USGS）负责为政府收集卫星观测数据、国家地理太空情报局（NGA）主管地理太空情报工作等。以遥感卫星公司为例，首先由商业遥感卫星公司提出高分辨率卫星运营申请，经过商务部与国会及国防部协商后，由商务部下辖的国家海洋和大气管理局颁发运营许可证书，此后该公司方可制造高分辨率遥感卫星及销售卫星图像。同时规定，当国家安全受到威胁或紧急情况下，政府有权对公司销售的图像做出限制或征用。《美国商业航天发射法》《美国商业遥感政策》《私营太空陆地遥感系统授权许可的最终规定》等为代表的法律法规对于加速商业航天准入管理制度固化、提升制度稳定性、恒久性等具有重要意义。[①]

　　其次，美国卫星产业在进行市场化的初期离不开政府的大力扶持与引导，政府不仅充当企业的大客户授予企业大额订单，甚至帮助卫星企业将产品外销。随着美国政府越来越多地采用商业卫星服务，政府的购买力和影响力也随之增强，成为有助于增强商业卫星产业发展的重要客户。美国政府很早就认识到商业卫星产业的价值，与卫星私营企业共同投资。政府与私营卫星企业签订多年的服务合同，竞争性商业市场能够

---

① 李成方、孙芳琦：《美国商业航天准入管理制度分析》，《中国航天》2017 年第 1 期。

借助政府力量，同时确保合理的投资回报。这种合作创造了一种契机，使政府在卫星产品和服务开发的早期就能够参与到商业活动中，以便了解并可能影响到卫星产品的设计。

2010 年美国航天政策就提出"积极探索采用有创造力的、非传统的安排来采购商业航天产品和服务"。美国政府对卫星产业商业化的鼓励政策取得了一定的成效，尤其是在利用市场竞争机制和降低总体成本方面。美国卫星产业协会主席汤姆·斯特鲁普（Tom Stroup）认为当前全球面临"新太空时代"的降临。商业卫星领域的创新和经济增长受到广泛关注，如果美国想引领潮流把握新时代机遇，那么监管机构与立法者必须保持持续关注；如果美国要完全拥有卫星提供的技术创新，并确保继续向国内外提供高速、可靠和无处不在的卫星服务，就必须管理和维持有效的监管环境和频谱制度。①

除 NASA 之外，国家成像与测绘局（NIMA）也对商业遥感卫星产业表现出了浓厚的兴趣。国家成像与测绘局开展了商业图像计划来寻求"推动产业证实自身能力的机会"②。鼓励和促进通过会议和演示在行业内进行信息交流，并推动国家成像与测绘局和行业之间的合作，推动卫星产业发展。国家成像与测绘局的"商业图像计划"（CIP），从 1998 年开始就与美国的商业卫星公司，如 Digital Globe 公司、Orbimage 公司和 Space Imaging 公司签订了多年的购买图像数据协议，提供卫星图像产品给国防部和联邦紧急管理局等联邦部门使用。2003 年，美国国家成像和测绘局（NIMA）实施"清晰视景"（Clear View）计划；2004 年，美国政府继续实施了"下一代视景"（Next View）计划；2010 年，奥巴马政府公布了"增强视景"（Enhanced View）10 年计划，地球眼公司（Geo Eye）和数字地球公司（Digital Globe）分别获得了总额为 38 亿美元和 35.5 亿美元的合同。③

国家侦察办公室（NRO）授予了黑空公司（BlackSky）、美国太空技

---

① SIA，State of the Satellite Industry Report 2019，https：//www.sia.org/22nd_ ssir/.
② 周胜利、彭涛：《美国政府对商业遥感数据的使用情况》，《国际太空》2003 年第 10 期。
③ 龚燃：《美国商业对地观测数据政策发展综述》，《国际太空》2016 年第 5 期。

术公司（Maxar）和美国行星实验室公司（Planet Labs）10 年的合同，为美国情报、国防和联邦民政机构提供卫星图像。陆军除了从美国国家侦察办公室获得的服务外，还计划使用商业图像服务。黑空公司参与的"战术地理情报"项目是由国防创新部门（Defense Innovation Unit）发起的，这是五角大楼与商业公司合作的一个组织。一旦 Gen-3 卫星投入运行，陆军用户将能够向现有的远程地面终端和名为 TITAN 的新地面站发送任务和传输图像。TITAN 是战术情报目标访问节点的简称，旨在分析来自太空、空中的数据和地面传感器。黑空公司计划 2023 年年中首次发射 Gen-3 卫星，这些卫星将提供短波红外成像，可以在弱光条件下透过烟雾和阴霾看到，希望这些实验能够促成陆军签订更大的数据即服务合同。

美国空军在 2020 年 7 月授予了黑空公司一份合同，以追踪 COVID-19 冠状病毒大流行对海外军事基地以及支持这些基地的供应链的影响。商业和政府客户对 COVID-19 监测服务的需求量很大。数据和机器学习分析的结合提供了强大的工具来跟踪社会对全球大流行病的反应。时任黑空公司首席技术官的赫尔曼表示，"中国的军事建设是美国关注的热点，这推动了对地理空间数据和分析的需求。遥感在能够观察中国正在发生的事情方面发挥着巨大作用，这对我们来说是一个很大的重点工作"[1]。

美国太空部队于 2022 年 2 月授予著名军工厂商诺斯罗普·格鲁曼公司一份价值 3.41 亿美元的合同，用于开发一个雷达站点。太空系统司令部（Space Systems Command）的太空企业联盟授予诺斯罗普·格鲁曼公司名为"深空先进雷达能力"（DARC）项目的合同。要求该公司必须在 2025 年 9 月之前完成雷达系统的雏形。该雷达系统将置于印太地区，是计划安装在世界各地分散地点的 3 个陆基雷达站点之一，3 个 DARC 站点预计耗资 10 亿美元。"深空先进雷达能力"计划是由美国空军于 2017

① Sandra Erwin—September 21, 2020, BlackSky eyes niche role in geospatial intelligence market, SpaceNews, https://spacenews.com/blacksky-eyes-niche-role-in-geospatial-intelligence-market/.

年启动的，美国空军斥资15亿美元研发"太空围栏"（Space Fence）空间监视雷达，用于跟踪近地轨道物体，而"深空先进雷达能力"将跟踪地球同步轨道上的物体。虽然目前地面系统在夜间运行可能受到天气条件的影响，但"深空先进雷达能力"计划部署一种弹性地基雷达，将比目前的雷达和光学传感器更先进，可提供全天候监测，显著提高探测、跟踪、识别和描述深空物体的能力，以监测对国家和全球安全至关重要的高度动态和快速发展的地球同步轨道环境，填补关键空白并显著增强地球静止轨道的太空感知能力。

太空部队不仅与老牌军工企业签订合同，还非常重视有潜力的新兴企业孵化。为了寻求在军方作战专家和工业界、学术界和政府的顶级问题解决者之间形成合作伙伴关系，太空部队建立了创新部门SpaceW-ERX，该部门也是美国空军的创新实验室AFWERX的一部分，由空军研究实验室提供支持。SpaceWERX负责运营"轨道启动"（Orbital Prime）项目，专注于在轨服务、组装和制造的新兴市场，涉及的技术领域广泛，用于修复现有卫星并为其补充燃料、清除轨道碎片以及创造新的太空能力等。该项目利用各种投资机制，包括小型企业创新研究（SBIR）、小型企业技术转让（STTR）①和战略资金增加（STRATFI）流程等，在感兴趣的领域进行投资并推动技术成熟。"轨道启动"项目要求企业必须与学术组织和非营利机构合作。团队在第一阶段合同获得者最多可赢得25万美元，在第二阶段合同中最多可赢得150万美元。成功的团队项目将有资格获得第三阶段更大的战略融资奖励，但要求企业从私人投资者那里获得相应的资金支持。"轨道启动"项目的获得者还将取得非金钱方面的帮助，例如允许进入测试场地，以及在监管方面与合同流程方面的指导等。尽管资助的金额不算多，但2022年6月至9月，SpaceWERX的"轨道启动"项目已经授予了124份第一阶段合同，对于新兴小公司

---

① 小企业创新研究（SBIR）计划使小企业能够探索其技术潜力，并通过与太空部队单位合作提供其从商业化中获利的激励。SBIR计划的对应项目，小型企业技术转移（STTR），为已经成立公司并与大学或非营利创业发展组织合作的大学团队（本科生、研究生、博士、博士后、教职员工）提供机会与太空部队做生意。

来说是一种认可和鼓励。

这些政府计划与项目不仅满足了美国国家安全的需要，同时也为商业卫星公司提供了有力的经济支持，促进了美国卫星产业市场的繁荣。

4. 美国卫星产业协会作用

美国卫星产业协会（SIA）与私营卫星企业之间紧密联系，掌握行业前沿动态，更是与政府沟通的桥梁。美国卫星产业协会对产业发展的作用主要体现在：促进基于卫星的技术和服务，作为美国国内和国际监管、政策和立法议程的一部分；促进美国卫星工业技术和服务在美国和全球市场的新机遇；向美国政府及利益相关者和公众介绍美国卫星产业的能力；建立美国卫星行业对国家安全和科学目标的认识和理解；推进政策和法规，以实现安全、可靠和可持续的空间环境；执行为进入卫星轨道和无线电频谱的企业提供长期保障并防止有害干扰的政策；促进简化和落实卫星航天器、服务和地面设施的监管和许可框架；增加频谱可用性以满足不断增长的用户需求和未来市场需求，并支持卫星技术创新和投资；鼓励促进美国政府利用卫星、服务和地面设备的政策和做法；促进政策和实践落实，支持和反映卫星技术作为美国关键基础设施一部分的作用；提倡改进美国对卫星、组件、技术数据和地面设备的出口许可和政策框架；促进全球卫星服务和技术的开放和公平市场准入等。

5. 为私营企业卫星发射提供便利

政府利用国家地理优势建立发射场并批准提供商业发射使用，助力新兴企业卫星降低发射成本。美国拥有卡纳维拉尔角空军基地（Cape Canaveral Air Force Station）、范登堡空军基地（Vandenberg Air Force Base）等一众火箭发射场且发射工位数量较多，各发射场因地理位置不同各有其特点（见表7-3）。美国罗纳德·里根弹道导弹防御试验场、范登堡空军基地的 SLC-40 号发射场等都曾提供给美国太空探索技术公司（SpaceX）用于发射"猎鹰"火箭。不仅如此，NASA 允许 SpaceX 公司使用测试台架、美国空军允许 SpaceX 公司使用测试场地，此外还得到地面系统、测控通信、气象监测和预报等多方面的公共资源投入，这些举措为私营公司大大减轻了资本投入压力。2018 年 2 月，SpaceX 公司不负众望在位于卡纳维拉尔角肯尼迪航天中心成功发射了首枚"猎鹰重型"火箭。除此之外，还有中大西洋区域航天港（Mid-Atlantic Regional Spaceport）、白沙导弹靶场（White Sands Missile Range）及泊克福莱特研究试验场（Poker Flat Research Range）等发射场。以及 SpaceX 等私营公司为了增加发射机会筹资建设的发射场，如 SpaceX 在美国德克萨斯州墨西哥湾海岸的博卡奇卡（Boca Chica）建立的发射场等。2016 年 4 月，SpaceX 公司通过海上发射平台实现火箭回收成功，使发射活动受发射场束缚和制约的影响降得更低。

表 7-3　　　　　　　　　　美国主要卫星发射场情况汇总

卫星发射基地名称	所在地区	首次发射时间	简介
卡纳维拉尔角空军基地/肯尼迪航天中心 Cape Canaveral Air Force Station/Kennedy Space Center	佛罗里达州卡纳维拉尔角	1950 年	纬度较低；为地球同步轨道卫星的发射创造了得天独厚的条件；适宜向东进行发射。1950 年 7 月首次发射"下士"火箭
范登堡空军基地 Vandenberg Air Force Base	加利福尼亚州	1959 年	可向西发射高倾角轨道卫星、向南发射极轨道卫星。1959 年 2 月发射全球首个极地轨道卫星"发现者 1 号"搭载于"雷神阿金那"火箭
瓦勒普斯飞行基地 Wallops Flight Facility	弗吉尼亚州东岸瓦勒普斯岛	1961 年	1945 年建成，是 NASA 的戈达德空间飞行中心的一个飞行基地
罗纳德·里根弹道导弹防御试验场 Ronald Reagan Ballistic Missile Defense Test Site	马绍尔群岛夸贾林环礁	1965 年	是美国租借来的最靠南发射场，1965 年启用，租期已延长至 2066 年；用于远程导弹试验、导弹防御和太空领域感知技术

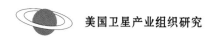

续表

卫星发射基地名称	所在地区	首次发射时间	简介
太平洋航天港综合设施—阿拉斯加 Pacific Spaceport Complex - Alaska	阿拉斯加湾科迪亚克岛	1998年	是美国最北侧的航空中心，也是用于亚轨道和轨道运载火箭发射的军民两用航天港
火箭实验室发射综合设施 Rocket Lab Launch Complex	玛西亚发射中心（新西兰）	2018年	2016年9月开放，是火箭实验室公司建在新西兰的商业太空港

资料来源：笔者汇总编辑。

三 美国卫星产业经济绩效高、社会效应强

美国卫星产业投资规模大，且投资回报率较高，从而卫星产业的经济绩效也高。而卫星产业带来的效益不仅体现在经济方面，在军事和外交方面也显示出巨大的社会效应。

1. 美国卫星产业经济绩效高

一方面，美国卫星产业投资规模大。政府提供专项资金为扶持卫星企业的生产活动提供必要保障。由于卫星产业在研究开发过程中需要投入大量资金，而技术研究与攻关阶段可能持续时间较长，因此，在短期内不能得到经济回报的可能性较大，这就需要政府具有雄厚的资本实力进行前期研发的扶持。美国政府对卫星产业资本的扶持力度很大。政府部门近年来对创新型卫星公司的投资呈指数级增长，这体现了政府对卫星产业经济和安全利益方面的促进和保护作用。

美国政府对航天产业投资已经超过了世界上其他所有国家航天投入的总和。对于太空领域的探索和发展所消耗的经费是美国军费开支中的重要组成部分。美国航天基金会（Space Foundation）统计结果显示，2016年美国政府航天活动投入为444.4亿美元，全球政府航天支出总额为764.3亿美元，美国政府航天投入资金量占到全球总额的58.14%。①
2017年美国政府航天活动投入为433.4亿美元，全球政府航天支出总额
为762亿美元，约占全球总额的57%。② 虽然美国政府的航天投入在近
十年中有波动，2017年度比2016年度政府预算有所下降，但美国政府
航天预算仍占全球政府航天预算的半数以上。从冷战结束后，在全球具
有卫星发射能力的国家中美国的卫星产业收入始终居于首位，且在20余
年中保持连续态势。2016年，美国卫星产业规模实现了近1103亿美元
的产值，相当于全世界卫星产业收入的42%以上。

　　另一方面，美国卫星产业投资回报率高。卫星产业发展在便利了人
们生活的同时促进其他各产业发展，如对农业估产、林业防灾、城市建
设等均有节省人力资源、更高效便捷的作用。随着全球一体化的发展，
卫星导航系统在航空、汽车导航、通信、测绘、娱乐等各个领域均有应
用。美国蔡斯计量经济学会（Chase Econometric Association，CEA）专家
经统计分析后得出结论，NASA的R&D投入在1975—1984年间投入产
出比为1:14，投资回报率约为43%。③ 美国中西部研究所（Midwest Re-
search Institute，MRI）1988年研究认为NASA的R&D投入产出比1:9，
投资回报率在19%—35%。④ 2018年，卫星产业支持超过211000个美国
就业岗位，其中包括数以万计的高薪制造业岗位。然而，只从产值或就
业方面很难对卫星产业的贡献做出全面估计。除严格的绩效指标外，生
活中基于卫星的服务和应用所获得的好处是不容易量化计量的。因为卫
星一直在太空中运行，消费者可能不知不觉中享受到了卫星带来的福利。
例如，地面通讯受阻时利用卫星通信、率先响应灾难救援和恢复工作以

　　① Space Foundtion, The Space Report 2017, https：//www. thespacereport. org/resources/econ-
omy/annual-economy-overviews.

　　② Space Foundtion, "The Space Report 2017", The Space Report Online, April 16, 2018,
https：//www. thespacereport. org/resources/economy/annual-economy-overviews ［2019 – 08 – 11］.

　　③ Evans M. K., "The Economic Impact of NASA R&D Spending", *Chase Econometric Associa-
tion*, Inc., 1976.

　　④ Economic Impact and Technological Progress of NASA Research and Development Expenditures,
Midwest Research Institute, 1988.

及确保国家安全等。

在一些学者看来，20 世纪 90 年代美国卫星产业市场绩效提高和商业化的繁荣，是由于政府放松管制的结果。但事实上，政府在商业化过程中扮演着不可或缺的角色，无论是军方直接采购私营企业的卫星产品，还是军用技术民用化或是各种鼓励商业采购的政策，都是美国政府保障实施的。在商业化初期，政府甚至为企业的卫星产品寻找销路。

2. 美国卫星产业社会效应强

一方面，美国重视卫星产业军用、民用和商业的协调发展，充分挖掘民用和商业系统的军用价值，通过商业采购既满足军事需要，又能激发卫星产业市场活力。美国近年来推进所谓"太空弹性"建设，模糊军民领域的界限，采取寓军于民、军民融合的发展战略，以满足不断增长的军事需求与民用需求。在太空中部署的商业卫星的绝对数量为美国政府提供了通过大量而分散的星座来增强弹性，符合发展"有弹性和受保护"的天基能力的计划。欧洲咨询公司 2021 年的全球预测预计，到 2030 年将建造和发射 1.7 万颗卫星。预测表明，这些卫星中有一半以上将来自商业卫星部门。相比之下，欧洲咨询公司 2015 年预测全球 10 年将建造和发射 1400 颗卫星。可见，近年来卫星产业在以惊人的速度蓬勃发展。

商业卫星产业的发展为美国提供了更多监测地球的平台，以及承载有效载荷和其他能力，以增强太空感知、防御能力和安全性。通过政府和商业部门合作的适当架构，这些平台可以为迫切需要的"太空安全基础设施"做出贡献，有利于国家安全和经济增长。美国国防部和情报部门在利用商业卫星衍生数据、产品和服务方面取得了重大进展。商业卫星通信服务、发射服务、光电/红外（EO/ IR）、高光谱和合成孔径雷达（SAR）数据采集和服务是美国政府从商业航天活动中受益的典型。乌克兰战争使美国深刻体会到利用商业卫星能力带来的好处。借助商业卫星服务以增强国家太空安全能力显然符合美国的政治、军事和经济利益。为了使航天系统和行动不受干扰和网络攻击，美国认为必须部署一套更强大的空间域感知（SDA）能力。空间域感知能够预测、识别和指出对手的行动，促进有效的在轨作战能力。因此，部署政府和商业部门空间域感知系统的强大组合是受到政府和国会关注的。

　　美国军方持续加大利用商业卫星资源与服务的力度，承诺政府部门与商业部门是合作关系，而非竞争关系，最大限度地采购商业卫星产品与服务。以"军民融合、双向转移"为前提的卫星产业发展目标是美国等发达国家技术进步、产业升级和经济增长的重要推动力量。① 美国卫星产业的市场行为以军用系统提供民用服务为开端，在确保国家安全利益的前提下，逐步开拓军民两用市场；当军用系统无法满足军队的全部需求时，军队考虑利用民用和商业系统的资源来补充和提升其军事能力；未来强调系统的开放兼容性和一体化程度。②

　　2018 年 SpaceX 从空军获得 2870 万美元数据连接研究合同，2020 年获得美国国防部 1.49 亿美元研发基于"星链"（Starlink）平台的导弹跟踪卫星订单。2022 年 8 月，美国空军以 190 万美元采购了 SpaceX 的"星链"服务，主要用于欧洲和非洲的空运维护工作，开拓了军事化应用需求。实现在地面固定区域内（预设直径约 22 公里的"星链"服务专属区域）可以随时随地通过"星链"卫星接入互联网，为地面网络基础不好的军事基地提供上网服务；也可实现携带"星链"的卫星天线接收设备在某区域上网的便携式服务。正如俄乌战场上乌克兰通过商业采购"星链"卫星的服务，在战场上发挥了重要作用。"星链"迅速帮助乌克兰重新建立了网络，通过地面无人机进行定位与通讯卫星相配合，很快速就将军事数据传输到乌克兰军方手中，实现了卫星服务商业采购形式服务于现代战争。2022 年 10 月，据美国有线电视新闻网（CNN）报道，由 SpaceX 公司制造的"星链"互联网终端一直是俄乌战争中乌军的重要通信工具，可在特殊情况下保障乌军的作战和通讯能力。

　　美国空军部长弗兰克·肯德尔（Frank Kendall）在 2022 年推出了一份高优先级技术清单，其中包括太空系统。五角大楼打算在这些领域投

---

　　① 赵晓雷、张祥建、何骏：《全球航天产业的市场竞争格局分析》，《世界经济研究》2010年第 4 期。

　　② 陈菲：《美国空间信息系统军民融合发展策略》，《中国航天》2015 年第 2 期。

入更多资金，以保持领先于中国。[1] 2023 年 1 月 11 日，太空建筑与集成总监埃里克·费尔特上校表示，这些计划中的投资为"追求和利用太空工业的商业创新"提供了前所未有的机会。空军负责采办和整合的助理部长弗兰克·卡尔维利向整个太空部队传达信息，即在技术上保持领先地位不仅要花更多钱，还要花得更加智慧。该战略的一部分即是避免昂贵的政府发展计划并利用商业可用技术。正如"星链"由私营卫星公司发射并提供服务，这使得原来科技强国才能够拥有的象征国家力量的卫星能力，可以通过商业采购轻而易举地获得。

早在 2015 年 SpaceX 公司提出的"星链"计划中就预计向太空近地轨道发射 4.2 万颗低轨通信卫星。外太空的空间看似是无限大的，但实际上在近地轨道能够容纳的卫星数量是有限的，且卫星在空间处于高速飞行状态，如果两颗卫星相撞在一起将导致卫星损毁解体，为保证卫星运行安全，一般还要设置安全距离间隔，因此，可用的轨道空间范围更为有限（"星链"卫星星座实时运行图如图 7 - 2 所示）。国际电信联盟（International Telecommunication Union，ITU）对待轨道和频谱获取的原则是"先到先得"，这无疑使航天后发国处于不利地位，不利于后发国家平等对太空平等地探索与发展。某种程度上，与《外空条约》第 1 条之规定"平等、不受任何歧视"地自由探索和利用外层空间的宗旨相悖。

更重要的是，SpaceX 公司并没有止步于此，在 2022 年 12 月，在公司官网公布了该公司的下一步计划，即"星盾"（Starshield）计划，其主要目的即公开宣告是支持国家安全。如果说"星链"是为消费者和商业用途而设计，那么"星盾"则是专门为政府用途而设计，"星盾"是利用"星链"技术和发射能力来支持国家安全工作的。主要侧重于三个领域：一是地球观测。发射带有传感有效载荷的卫星，并将处理后的数据直接提供给用户；二是通讯。发射带有传感有效载荷的卫星，并将处理后的数据直接提供给用户；三是，托管负载。建造卫星总线以支持最

---

① Sandra Eruin, "Space Force Official: To beat China, U. S. has to Spend Smarter", Space News, January 11, 2023, https://spacenews.com/space-force-official-to-beat-china-u-s-has-to-spend-smarter/.

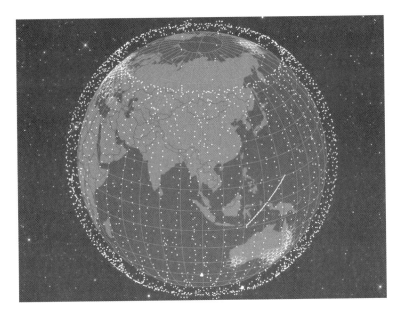

图 7 - 2　"星链"卫星星座实时运行

图片来源：https：//satellitemap. space。

苛刻的客户有效载荷任务。"星盾"采用模块化设计，旨在满足不同的
任务要求，能够集成各种有效载荷，为用户提供独特的多功能性。其扩
展的近地轨道架构提供了固有的弹性和在轨资产的持续连接，快速发射
能力提供了方便且经济的太空访问。SpaceX 承诺"星盾"的安全性更
高，采用高度加密功能来安全地托管分类有效载荷和处理数据，从而满
足最苛刻的政府要求。并且，凭借快速迭代能力，在开发端到端系统
（从运载火箭到用户终端）方面采用独特的全栈方法，具有快速大规模
部署功能。具有良好的互操作性，"星链"的星间激光通信终端是目前
全球唯一在轨道上大规模运行的通信激光器，可以集成到合作伙伴卫
星上，以便将其纳入"星盾"网络，给予盟友大规模的太空和地面
能力。

　　美国太空技术公司（Maxar）也一直与美国情报机构和盟国政府合
作，该公司的地球成像业务每年产生约 11 亿美元的收入，其中约三分之

图 7 – 3　星盾卫星概念设计

二来自美国政府合同。美国太空技术公司在 2020 年通过收购 Vricon 公司获得了 3D 技术的所有权后，使用自己的卫星图像档案、无人机图像和视频源，并将它们与 3D 技术相结合，以产生复制真实世界的沉浸式环境。这种被称为"精确 3D 地理配准"（Precision 3D Georegistration）的功能已被用于为美国陆军训练制作世界部分地区的数字表示。地球地形的 3D 渲染也可以变成导航系统，这样自动驾驶汽车就可以行驶，飞机也可以在没有 GPS 的情况下安全飞行，是典型的军民两用技术。美国太空技术公司的 WorldView 系列卫星，发射登记为商用卫星，但在俄乌战场上也展示了强大能力，曾拍摄到俄罗斯一支在基辅西北方向延伸超过 65 公里的庞大军事车队（见图 7 – 4）。

　　另一方面，美国通过卫星产品及服务的管制程度，与盟国部分共享太空数据，对非盟国进行技术限制。卫星产业作为具有战略意义的高技术产业，即便是市场化运作程度较高的美国，出于国家安全考虑也要在其产业发展上进行严格管理和控制。

　　第一，严格控制带有军用性质的卫星产品对非盟国出口。卫星产业作为涉及国家安全的特殊产业，并未完全以追逐商业利益为出发点。因此，在卫星分辨率、交付时间等方面政府对私营企业有严格的限制，必须获得授权许可才能对外公开和发布。例如，美国卫星商业遥感数据的

图 7 - 4　WorldView 卫星资料①

分发，只有通过商务部许可的公司拟公开数据达到国防部认可的安全级别才可以对外公开。近 10 年来，美国主要向比利时、英国、法国、俄罗斯、意大利、日本、韩国、澳大利亚及埃及等 24 国出口航天器，主要包括卫星以及亚轨道和航天器运载火箭，获得了巨大经济利益。自 1991 年以来，美国在航天产业的出口额始终高于其进口额（见图 7 - 5），贸易顺差逐年增加。

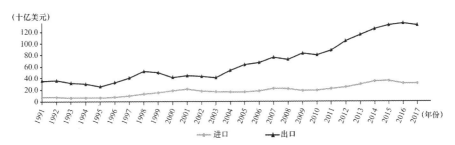

图 7 - 5　美国在飞机、航天器及零部件方面的世界贸易额统计

资料来源：联合国商品贸易统计数据库②

①　Sandra Erwin and Debra Werner, Dark clouds, silver linings：Five ways war in Ukraine is transforming the space domain，Space News，December 23，2022，https：//spacenews. com/dark-clouds-silver-linings-five-ways-war-in-ukraine-is-transforming-the-space-domain/.

②　联合国商品贸易统计数据库，https：//comtrade. un. org/labs/dit-trade-vis/？ reporter = 842&partner = 0&type = C&commodity = 88&year = 2017&flow = 2。

美国卫星产品出口额相当可观，然而对于与国家安全与防务相关的航天出口却严格管制。带有军用性质的卫星产品仅对战略盟国进行出口，如日本、韩国和欧盟等。美国将情报卫星、军事卫星，以及相关的部件、地面系统，甚至一些具有军民两用性质的卫星及其部件均列为军火，按照《国际武器贸易条例》进行严控。禁止出口、再出口或转让美国制造的卫星产品给中国及被国会列为资助恐怖主义的国家。曾禁用中国火箭发射含美国零部件的卫星，限制我国国际商业发射服务。对于不涉及核心技术的非管制航天产品，中国是第一大出口地。

第二，美国利用卫星技术与贸易优势对外结盟，通过国际战略合作构建卫星产业国际化格局，形成相对优势，从而继续保持其国际领先地位。但美国对于卫星技术的合作对不同国家是有差异性的，对盟国分享部分卫星技术与资源，如与澳大利亚、印度、日本、韩国等建立技术合作关系，尤其重视与亚洲盟国的合作。通过卫星技术层面的合作逐渐过渡到以卫星为媒介的军事战略合作，其意图是巩固以美国利益为核心的世界秩序，威慑美国认为的潜在"对手"，维护美国世界霸权地位和美国本土的"绝对安全"。

美国仅与盟国之间进行军用卫星产品贸易，利用卫星产业技术优势结成战略同盟，不仅有利于维护国家安全，同时也取得巨大经济利益。自1967年，美日发表《关于探讨两国合作开发太空可能性》的共同声明，两年后，日本即通过《日本与美国关于太空开发合作交换公文》获得来自美国公司的火箭技术。2012年，奥巴马与野田佳彦发表联合声明，对外公布了6项太空合作计划。2013年，美日强化太空安全合作，举行首次"全面太空对话"。2015年，日本"准天顶"卫星与美国GPS系统融合，与美国共享太空态势感知（Space Situational Awareness，SSA）情报。2017年11月，日本的伊藤忠商事和美国卫星图像分析公司（Orbital Insight）签订合作协议，利用人工智能技术解析卫星图像，所得结果可以应用于农业、金融市场等诸多领域。为了应对更加拥挤和充满竞争的太空环境，日本军事部门代表提出了与美国军方就敏感信息与涉密数据进行共享的诉求。日本还计划建立一个由航空自卫队运营的国家级太空态势感知中心，该中心将与美国"联合太空作战中心"紧密联合。此外，美国陆基"宙斯盾"反导系统计划于 2023 年引入日本，部署地点可能位于秋田县和山口县。美国通过对外贸易，与日本进行大量进出口民用、军用航天器交易，在满足日本市场需求的同时获得巨大贸易顺差利益。2017 年，在飞机、航天器及零部件方面，美国对日本的出口额为 66 亿美元，而进口额为 40 亿美元。1991—2017 年，美国对日本在飞机、航天器及器零件的进出口情况变化如图 7-6 所示。

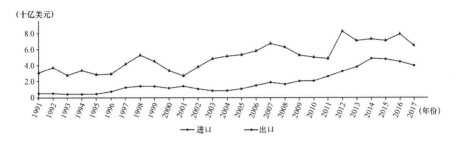

图 7-6　美国对日本飞机、航天器及零部件方面的进出口额统计

资料来源：联合国商品贸易统计数据库。

美国国防部授权本国著名军工厂商——诺斯罗普·格鲁曼（Northrop Grumman）公司与韩国就卫星的太空导航能力展开技术合作。2014 年 6 月，诺斯罗普·格鲁曼公司与韩国航空航天研究院（KARI）达成协议，为韩国"阿里郎"系列卫星提供太空惯性导航系统，其中"阿里郎 3A 号"卫星搭载的 55 厘米级高分辨率电子光学摄像头和 5.5 米级分辨率的红外线传感器，具备不分昼夜、全天候进行地区观测能力。2014 年 9 月，美国国防部与韩国国防部通过磋商会谈，达成《谅解备忘录》，共享太空态势感知数据，切实提升了双方航天情报共享水平。2015 年 1 月，美韩在华盛顿举行首次太空政策对话，进一步升级美韩航天合作与数据共享机制。2017 年 3 月，美国在韩国部署"萨德"系统，该系统是由美国洛克希德·马丁公司主要研发和生产的可车载机动部署的反导系统，具备在大气层内外拦截来袭的短程、中程和远程洲际弹道导弹能力。通过战略合作与同盟，美国与盟国之间开展具有军用性质的卫星产品贸易。2017 年，在飞机、航天器机器零件方面，美国对韩国的出口额为 33 亿美元，而进口额为 6.485 亿美元。从美国与韩国的贸易额上看，美国亦对盟国韩国始终保持贸易顺差，获取可观收益。1991—2017 年，美国对韩国在飞机、航天器及器零件的进出口情况变化见图 7-7 所示。

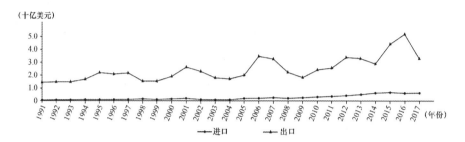

图 7-7　美国对韩国飞机、航天器及零部件方面的进出口额统计
资料来源：联合国商品贸易统计数据库。

美国对外提供卫星技术援助和资源共享的目的，实则是使被援助国的卫星技术和产品供给对美国产生依赖后受美国辖制。如日本"准天顶"卫星与美国 GPS 系统融合，与美国共享"太空态势感知"情报，并计划建立一个由航空自卫队运营的国家级太空态势感知中心与美国"联合太空作战中心"紧密联合。日本也是第一个接受美国 SpaceX 公司"星链"服务的亚洲国家。[①] 韩国也进一步升级与美国的合作与数据共享，在韩国境内部署了"萨德"系统。时任美国战略司令部司令、海军上将塞西尔·哈尼（Cecil D. Haney）指出："这些共享太空态势感知数据的协议有助于两国在竞争日益激烈的太空环境下扩大伙伴关系，促进情报共享，最终具有保护我们自身的能力。"[②]

---

① SpaceX 公司的"星链"于 2022 年 10 月在日本上市，日本成为第一个访问"星链"的亚洲国家。早在 2021 年 9 月，日本电信运营商 KDDI 公司宣布选择"星链"为其 1200 个远程移动发射塔提供高速、低延迟的宽带互联网。该公司表示日本内政和通信部（MIC）已颁发实验许可证，允许运营 KDDI 山口卫星通信中心安装"星链"服务地面站。马斯克在巴塞罗那举行的移动世界大会上也提到"与主要国家电信公司的两个非常重要的合作伙伴关系"，日本媒体认为 KDDI 公司便是其中之一。

② Space Daily，"STRATCOM，Germany make arrangement to share space services，data"，January 28，2015，http：//www. spacedaily. com/reports/STRATCOM_ Germany_ make_ arrangement_ to_ share_ space_ services_ data_ 999. html［2019 - 08 - 11］.

美国通过对外贸易，对日韩等国大量出口军用、民用卫星产品，获得巨大贸易顺差利益。通过政府对市场干预防止技术扩散到非盟国，对于非盟国的卫星产品出口只在不涉及核心技术的范围内。从总体上看，美国卫星产业的商业化行为是以符合美国国家安全利益为前提的，不论是卫星产品的销售还是卫星技术的输出和援助，都是为维护美国经济与安全利益服务的。

第三节　美国卫星产业组织存在的问题

一　市场结构上寡占程度较高

美国卫星产业由于技术壁垒、资金壁垒、政策性壁垒等方面限制，卫星产业市场的寡占程度较高。经过计算得知，美国卫星产业的市场结构属于一般寡占型。美国卫星产业市场的集中度越高，说明大企业在卫星市场中的支配能力越强，而卫星企业之间的竞争程度就越低；反之，卫星市场集中度越低，说明卫星产业之间的竞争越激烈。产业市场集中度衡量指标 CR_8 是对美国卫星产业的市场集中程度指标的测算，表明了市场结构的总体情况。该项指标衡量了美国卫星企业的数量和相对规模的差异，是卫星产业市场势力的重要量化指标。从卫星产业市场集中度指标可以判断美国卫星市场的竞争与垄断程度，它是决定市场结构最基本的要素。市场集中度高和进入壁垒高的产业具有较高的垄断利润。当市场集中度增加后，价格加成增加同时增加了自然失业率，引起潜在生产力的下降。菲利普斯曲线将向上移动，通货膨胀也会增加。美国卫星产业与一般产业市场相比竞争程度不高，而市场竞争是市场经济的最典型的特征，说明美国卫星产业市场未达到一般产业市场的成熟水平。对于一般产业而言，企业为在市场经济条件下实现企业财富最大化而展开的增强自身经济实力排斥同行从业者的行为就是市场竞争的主要表现。在市场竞争中才能实现卫星企业的优胜劣汰，进而实现生产要素的优化配置。

二 兼并与卡特尔为代表的市场行为加强产业集中度

美国卫星企业之间的兼并与卡特尔加强产业集中程度，不利于卫星产业市场的自由竞争，导致从业人才流失，但这一现象有改善趋势。美国卫星产业市场行为的兼并具有双面性，一方面兼并过程是市场竞争的结果，体现了市场优胜劣汰的竞争性优势，另一方面兼并的结果，往往是大企业对小企业合并，从而加强了大企业对市场的控制能力使卫星产业集中程度加强。大企业之间形成的卡特尔在卫星产业发展中形成不利因素，使价格居高不下。而市场结构对美国卫星企业之间的价格协调行为有很大影响。一般来说，企业之间的价格协调会因为市场集中度提高而变得更容易。美国卫星产业市场集中程度较高，因而出现波音与洛克希德·马丁公司结成的卡特尔，对运载火箭的发射价格有重大影响，美国空军对于联合发射联盟制定的高价承受了巨大的财务压力。从美国运载火箭市场上的卡特尔现象可以发现，价格协调行为在产品差别小的领域中容易发生，而在产品差别程度越高的领域，市场价格协调越不常见。政府通过政策与技术支持，扶持具有竞争力的新企业，从而使对卡特尔形成抵制。

美国卫星产业从业人数在企业兼并过程中逐年下降，尽管美国卫星产业收入逐年增加，但人才的流失将使美国卫星产业发展后续乏力。人力资源包括工作量、技术能力、人力成本等因素。由于卫星产业属于高度技术密集型产业，对高技术智慧型人力资源要素的需求始终是卫星产业不可或缺的重要因素。而对于这类技术人才的培养与一般劳动者不同，需要经历较长的过程且对于科研或技术攻关有较强的心理承受能力。根据美国卫星产业协会最新统计数据显示，2016 年，美国卫星产业从业人员共有 21.12 万人，其中，卫星服务业从业人员共计 7.23 万人，地面设备制造业从业人员共计 7.34 万人，是卫星产业从业人员的主要流向。从近十余年的统计数据上看，2008 年美国卫星产业从业人员达到峰值，此后从业人数呈逐年下降趋势（见表 7 - 4）。

表 7 - 4 美国卫星产业从业人员情况统计 单位：人

年份	美国卫星产业 从业总人数	卫星服务业 从业人数	卫星制造业 从业人数	发射服务业 从业人数	地面设备制造业 从业人数
2006	255374	69377	32368	51262	102367
2007	257577	83993	26724	50670	96190
2008	262952	84267	28014	52007	98663
2009	250536	81047	26854	51984	90651
2010	243234	75623	26611	49195	91805
2011	238918	73803	25823	48122	91170
2012	236350	77116	24790	46921	87523
2013	236720	80967	23749	48076	83928
2014	223431	77907	22241	47005	76278
2015	212693	75431	16712	47886	72664
2016	211185	72259	17304	48229	73393

资料来源：SIA. State of the Satellite Industry Report，https：//www. sia. org/。

从业人数的减少将造成美国卫星产业发展后续乏力，事实上应当鼓励国际人才交流与沟通，从而激发青年对卫星产业技术的热情。带有技术封锁性质的、制造假想敌增添紧张气氛以及带有浓厚政治色彩的寻求在太空领域"统治力"的思想宣传，并不能吸引年轻人才投入到卫星产业事业中去。如阿波罗计划般的"兴奋剂计划"，对于美国持续发展卫星产业缺乏长效激励机制。因此，应更加重视对于卫星产业实用性方面的介绍，在宣传上更加重视贴近美国年轻人思想，鼓励更多年轻人从业。

三　商业化运营推高产业市场风险

虽然美国政府在与商业卫星部门的合作和协调方面发挥了积极作用，为定制的政府解决方案和商业航天系统提供更具弹性和防御性的集成架构。但是，商业卫星系统的设计和运营主要受私营部门市场中投资者利益最大化的驱动。因此，商业系统的保护和强化水平往往不足以满足美国政府在高度竞争环境中的需求。随着美国政府越来越多地将商业卫星服务作为集成架构的一部分，政府必须面对商业卫星系统所带来的潜在风险。

一方面，在美国市场机制运行中由公司职业经理人负责企业的日常运行活动，定期将企业的财务状况、经营成果及现金流量情况向董事会进行汇报，董事会对股东负责。在运行体制中存在着代理矛盾，即卫星企业的所有者与经营者之间利益目标不一致的矛盾。卫星企业股东的利益目标是投资收益最大化，而职业经理人的利益目标是个人现阶段利益的最大化，经理人的利益往往与企业现阶段利润情况息息相关。卫星企业的股东实际未参与公司的经营管理活动，真正的经营者是经理人。因此，经理人很可能因短期利益做出对企业当前阶段有利的运营决策，忽视长远利益。另一方面，美国金融市场上风险较大，相对于欧洲金融市场鼓励长期稳定的投资行为，美国金融市场对于投机性质的短期投资行为并不排斥，因此股票交易频繁，股票市场对于相关信息的反应较为敏感，股票价格的波动较大。此外，金融市场中存在系统风险，也称为金融体系的顺周期性，实际上是指金融部门与美国卫星企业之间的互动，这种互动效应可以放大卫星企业的经济周期的波动并加剧金融体系的不稳定。由此可见，实行商业化运营对于卫星产业来说是一把"双刃剑"，在股票市场中公开募集股份可以获得大量资本用于卫星产业的研究与开发工作，拓宽了企业的融资渠道，减轻了政府投资的沉重负担。然而，股票市场存在风险，商业化运营可能会对卫星企业的经营造成不利影响。但是，从美国卫星产业经历的商业化历程上看，美国卫星产业在商业化运营中是利大于弊的。

四 限制性条款制约产业市场优化

美国对私营企业的市场行为做出限制是为了能够在国家安全框架内追求经济效益。与全球其他国家卫星产业的市场寡占程度相比，美国卫星产业市场寡占程度略优，但由于美国国家安全政策（如对于卫星产品出口的限制）与卫星技术壁垒等因素，美国卫星产业市场自由竞争性显著不足。虽然美国一直信仰自由经济，但是对于有特殊战略意义的产业，并未将经济效益放在首位。但是，一些规定制约了美国卫星产业市场的发展，甚至是与盟国的合作与交流。

例如，NASA 的监察长办公室（OIG）在一份报告中指明，美国出口管制的诸多制约"经常使 NASA 的'阿尔忒弥斯'与国际合作伙伴的合作受到限制，并抑制未来的合作。"① 出口管制规定使 NASA 合作伙伴的宇航员很难参与"阿尔忒弥斯"相关项目，除非被正式分配到任务中。该报告指出，尽管月球"门户"项目是一个有盟国日本参与的跨国项目，但由于数据访问受限，日本宇航局（JAXA）尚未能派遣宇航员前往约翰逊航天中心为任务做准备。NASA 还受到管理条例适用混乱的阻碍，例如不同的出口管制法规管理组件分别归属于商务部监督的出口管理条例（EAR）和国务院监督的限制性更强的国际武器贸易条例（ITAR）。例如，"猎户座"飞船的欧洲服务模块和将其连接到猎户座乘员舱的适配器都单独归类为 EAR 管理，但是，当服务模块和适配器组合在一起时，该硬件则又属于 ITAR 管理范畴了。

即便是美国的私营公司在美国本土进行发射也经历了许多波折，2023 年 1 月 25 日，火箭实验室首次在美国境内发射运载火箭，将鹰眼 360 公司的射频侦测卫星成功送入太空。截至 2023 年 1 月，火箭实验室共经历了 33 次发射任务（其中 3 次发射失利），将 155 颗卫星送入轨道。不过，此前的 32 次都是在新西兰完成发射任务的，在美国本土进行发射尚属首次。实际上，该公司位于弗吉尼亚沃罗普斯发射场的新发射台在 2020 年就已建成，但由于 NASA 要求"电子"火箭必须安装名为自主飞行终止系统（NASA Autonomous Flight Termination Unit）的安全软件，而该软件的修复测试花费了大量时间，直到 2022 年 10 月才取得认证，交付给火箭实验室使用，因而耽搁了发射进程。此后又由于天气原因以及 NASA 与美国联邦航空局商业航天运输办公室需要完成"发射场驱动文件"等手续，发射日期不得不一再推迟。由此也不难看出，即

① Jeff Foust, "Report Calls on NASA to Improve Coordination of Artemis International Partnerships", SpaceNews, January 18, 2023, https://spacenews.com/reports-calls-on-nasa-to-improve-coordination-of-artemis-international-partnerships/.

便是商业化程度发达的美国卫星市场，对于监管和审批手续也是非常严苛的。

再如，为制裁俄罗斯而选择禁止在运载火箭上使用俄罗斯的 RD - 180 发动机，因而联合发射联盟与蓝色起源（Blue Origin）合作开发的液氧甲烷燃料的 BE - 4 发动机，为联合发射联盟的"火神·半人马座"（Vulcan Centaur）火箭提供主动力以替代俄罗斯的 RD - 180 发动机。2020 年 7 月，蓝色起源向联合发射联盟交付了 1 台 BE - 4 发动机。但是，由于 BE - 4 发动机未能全部交付，致使截至 2023 年 4 月该火箭尚未如约发射。

此外，美国为严格保护卫星技术不对外扩散、增加国际市场竞争力，政府禁止利用中国火箭搭载任何含有美国卫星技术的卫星及部件，禁止国家航空航天局（NASA）与任何中国企业订立合同或订单，也不允许中国科学家、工程师参观 NASA 的任何设施，不允许中国学家进入 NASA 大楼参加学术交流活动。在美国对卫星出口管制政策做出放松调整时，仍然将中国等国家排除在管制放松行列之外。这种做法对中国颇有竞争力的运载火箭业务设置了障碍，为美国的商业发射争取了发射机会和利润空间。

可见，一些限制性条款虽然在一段时间内起到排斥竞争者的作用，但是也给美国卫星企业降低制造成本、拓展国际合作造成了不便，甚至是盟国间的协作也受到阻碍，与美国崇尚的经济自由主义相悖。随着中国运载火箭与卫星技术实力的增长，很多国际合作可以绕过美国禁令（如"沃尔夫法案"等），不使用含美国零部件的航天器。过于严苛的限制条例，对美国卫星产业的长远发展并无益处。尽管美国卫星产业在政府不断放权与商业化鼓励支持下取得了长足进步，但尚未实现卫星产业市场自由开放竞争。

第四节　本章小结

本章主要对美国卫星产业组织进行总体评价。首先，结合美国卫星产业发展历程和产业组织理论演变，阐述了美国卫星产业的特征。

其次，阐述了美国卫星产业组织中的优势。第一，激励市场机制改善寡占型市场结构。美国卫星产业市场属于一般寡占型，但是美国卫星产业准入管理制度并非只有限制制度，各类促进商业化进程的激励制度与扶持政策对于私营企业发展十分有利。在政策的激励下，涌现出大量新兴私营卫星企业，对于改善寡占型的市场机构、促进市场竞争起到了积极作用；第二，管理层引导美国卫星产业市场行为。美国的卫星产业管理体系设置是比较科学完善的，这为优化寡占型市场结构与改善不利于竞争的市场行为提供了前提和保障。美国白宫发布了一系列关于太空发展顶层设计的法令，为引导和规范各类机构和企业的市场行为提供了框架。美国国家航空航天局作为美国联邦政府的一个政府机构，负责美国的太空计划。由美国国家航空航天局主导提出航天计划，美国多家私营企业参与其中，使得卫星产业的发展符合美国政府的规划，为市场行为的框架提供了具体方向。其他政府部门发挥了监管、许可以及扶持企业的作用，甚至充当卫星企业产品的销售者。美国卫星产业有专门的卫星产业协会，对于协调企业与政府部门之间的事项发挥了积极作用。政府为私营企业提供各类便利条件，包括卫星发射基地等；第三，美国卫星产业投资规模大，且投资回报率较高，从而卫星产业的经济绩效也高。此外，美国卫星产业发挥了较强的社会效应，主要表现在：一方面，美国重视卫星产业军用、民用和商业的协调发展，充分挖掘民用和商业系统的军用价值，通过商业采购既满足军事需要，又能激发卫星产业市场活力。另一方面，美国通过卫星产品及服务的管制程度，与盟国部分共享太空数据，对非盟国进行技术限制。

最后，从兼并行为与卡特尔对市场集中度影响与商业化对市场风险的加剧等方面，论述了美国卫星产业组织存在的问题与缺陷。第一，美国卫星产业由于技术壁垒、资金壁垒、政策性壁垒等方面限制，卫星产业市场的寡占程度较高；第二，美国卫星企业之间的兼并与卡特尔加强产业集中程度，不利于卫星产业市场的自由竞争，导致从业人才流失；第三，卫星产业的商业化运营推高其产业经营中的市场风险；第四，限

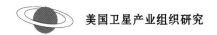

制性条款制约产业市场优化。一些限制性条款虽然在一段时间内起到排斥竞争者的作用，但是也给美国卫星企业降低制造成本、拓展国际合作造成了不便，甚至是盟国间的协作也受到阻碍，与美国崇尚的经济自由主义相悖。

第八章 美国卫星产业组织对
我国的启示

美国卫星产业历经几十年的发展，取得了全球瞩目的成果。其卫星产业组织有值得我国学习的优势，也存在应引以为鉴的问题。我国卫星产业相对于美国与苏联起步稍晚，在商业化进程中相对迟缓，因此，可以从对美国卫星产业组织的分析中得到对我国的启示。

第一节 把握政府作用与市场机制的平衡

发挥中国特色社会主义优势，政府通过管理机构职能完善，与法律法规的不断健全，既注重卫星产业市场活力的激发，同时又要保障国家安全。以国家政策规划为保障，促进卫星产业持续发展。作为国家战略性新兴产业，政府的战略引领和政策保障对产业发展尤为重要，应加强国家顶层规划和统筹管理，建设、完善国家卫星产业政策和法律法规体系，加强卫星领域的标准体系建设、规范太空基础设施的统筹建设，共享共用并稳定发展卫星产业成果。引导并加大对卫星产业的扶持力度，推动产业标准化和规范化，弥补短板，确保国家安全和卫星产业健康持续发展。

充分认识到，商业卫星发展是新型举国体制的重要组成部分。把握住商业和安全这两个平衡点，制定和完善与卫星产业发展有关的国家层面法律法规，建立有利于我国卫星产业技术设施建设、应用和发展的长效机制。制定的产业政策要与时俱进地根据国家战略需要和国际形势变化而不断进行调整。加快制定卫星数据政策，规范数据生产运用与保密管理，推进共享配套设施设备与卫星数据信息，既保证数据的安全性，又促进业务协同性，实现产业高效发展。确定行业部门、企业和个人等主体的数据共享权利和义务，根据国家安全、经济社会发展需要制定数据使用的扶持政策等。通过政府扩大商业采购计划、增加商业订单、进行公私合营等多种运营模式推动卫星产业的商业发展，使商业卫星产业市场更加多元化。明确国际数据服务与国家安全、国际义务、外交政策的关系，形成参与国际公益数据和商业数据竞争与服务的模式，建立数据应用的监督评价机制等，提高卫星产业的国际竞争力。

美国私营公司 SpaceX 公司构建的"星链"卫星星座在数量上远超全球其他国家，俄罗斯也已经运作自己的"星链"，名称为"球体"卫星星座。俄罗斯联邦副总理兼工业和贸易部部长丹尼斯·曼图罗夫表示，"球体"的功能与"星链"等外国互联网卫星类似。该设想是在2018年提出的，于2022年10月发射了第一颗卫星[①]，整个计划预算为1.5万亿卢布，约折合为243亿美元。为解决资金不足问题，该项目后续还需要通过引进私营企业和风投进行募资。与美国 SpaceX "星链"计划用4.2万颗卫星进行全球覆盖不同，俄罗斯计划用600余颗卫星从不同轨道、不同频段组合成一张覆盖全球的通信网络。[②]在发射卫星数量上有如此大差异的主要原因是，俄罗斯的"球体"以较大的、功率更强的卫星组网，低轨道的部分高度计划大约在870公里，而 SpaceX "星链"的众多

---

① 2022年10月，俄罗斯联邦航天局（Roscosmos）宣布，"联盟-2.1b"运载火箭从俄罗斯东方航天发射场升空，随后把"球体"项目首颗卫星"斯基泰人-D"（Skif-D）和3颗"信使-M"通信卫星顺利送入预定轨道。主要目标是确保俄罗斯高质量空间服务，以实现经济的有效数字化转型并确保俄罗斯联邦安全。这是东方航天发射场2022年的首次发射，也是"联盟-2.1b"运载火箭首次完全使用新型萘基燃料发射，之前该火箭只有第三级才使用这种环保型碳氢燃料。俄罗斯联邦航天局在声明中强调说："萘基燃料的优势在于减少有害气体排放，并显著增加运载火箭的有效载荷。"

② 俄罗斯专家认为，由于俄罗斯宽带互联网卫星星座运行在870公里的轨道高度，高于美国"星链"的运行高度，且主要服务对象集中于俄罗斯附近，因此只需要288颗卫星就足以确保"完全覆盖地球表面"，并可以为俄罗斯周边，尤其是地面通信设施稀少的北极航道沿线提供宽带互联网接入和通信服务。

小卫星低轨道部分高度只有 550 公里。卫星高度越高其覆盖范围越大，覆盖范围越大要求卫星发射的功率越大，"球体"卫星比"星链"卫星的体积和功率更大，因而在数量上要少很多。俄罗斯"球体"前期投入较高，但 SpaceX "星链"主要依靠大批量复制生产和发射同类功率较低的小卫星来强化效果，虽然初期建设成本较低，但后期维护成本却会因为小卫星寿命较短（一般为 2—5 年）而增加，或将每年补充 5000—8000 颗以维持其正常运营。由此可见，把握政府作用与市场机制的平衡对于我国卫星产业发展是至关重要的。私营企业在技术创新、成本控制方面有自身优势，而政府作用在把握攻坚方向、解决资金缺口和统筹决策方面也有不可替代的优越性。

第二节　政府加大资金扶持与政策激励力度

一方面，探索与推进资产证券化改革，尝试建立卫星产业发展基金，优化投入结构。尽管我国航天实力不容小觑，但美国每年在航天领域的资金投入大约为 480 亿美元，卫星发射数量（2021 年）是第二名（俄罗斯）的 4 倍以上。作为卫星产业正处于发展中的国家，因该产业存在可观的经济效应，且有助于提高国家自信与军事防卫能力建设。因而，不论出于经济角度考量或是国家安全角度考量，在我国商业卫星市场尚不成熟的当下必须保证政府资金扶持力度。构建军、民（商）资源共享机制，对于修建耗时、花费巨大的基础设施应避免重复建设，同时重视对已研发的军用技术成果的民用转化和商业推广。加强对商业卫星企业和项目的优惠政策力度，为推动卫星产业的商业化发展创造良好的政策环境，予以税收和筹融资等方面政策的大力扶持。夯实卫星产业的技术基础，以重大航天工程带动卫星产业实现关键技术突破，提高核心元器件及高端制造设备的国产化程度。因此，要加大研发经费的投入力度，加强创新能力建设。

另一方面，要进一步完善卫星产业政策法规建设。加快我国《航天法》的推动进程，使决策层、监督层和实施层的航天活动都有法可依，厘清权力的边界，明确我国的航天管理体制；使军、民、商三类不同性质卫星协调发展，既保障国家太空安全又发挥商业盈利价值；使卫星发射许可申请、发射保险、损害赔偿以及我国对国际规则的立场和涉外问题的原则等一系列问题都以法律形式得到确认和体现。

在卫星产业发展方面，研究制定卫星导航方面条例，加强北斗卫星导航系统导航通信融合、低轨增强等深化研究和技术攻关，推动构建更加泛在、更加融合、更加智能的国家综合定位导航授时（PNT）体系；推动构建高低轨协同的卫星通信系统，开展新型通信卫星技术验证与商业应用，注重促进卫星移动通信、卫星直播电视及卫星宽带多媒体等业务的商业发展，提高通信卫星的经济效益与利用效率；加快制定国家层面的遥感卫星数据政策、建立健全数据共享标准与开放界限，促进推进卫星数据的安全高效利用。推动通信、导航、遥感卫星融合技术发展，加快提升泛在通联、精准时空、全维感知的空间信息服务能力。加强国际空间法的研究，积极参与外空国际规则、国际电联规则制定，维护以国际法为基础的外空国际秩序，推动构建公正、合理的外空全球治理体系。维护各国平等地开发和利用外空的权力，倡导以平等互利、和平利用、包容发展为准则，深入开展航天国际交流合作。

第三节　发挥市场配置资源作用，推动我国卫星产业商业化发展

我国卫星产业应在国家安全框架内建立市场竞争机制，通过战略资本的引入加快私营卫星公司的发展，提高我国卫星企业的国际竞争力。第一，坚持系统观念，在更好发挥新型举国体制①优势前提下，制定鼓

---

① 新型举国体制内涵包括：第一，新型举国体制以实现国家发展和国家安全为最高目标；第二，新型举国体制以科学统筹、集中力量、优化机制、协同攻关为基本方针；第三，新型举国体制以现代化重大创新工程为战略抓手。新型举国体制显著的特征是正确处理政府与市场的关系，政府和市场都是配置资源的方式，但是单纯以政府或市场为主导都有其局限性。新型举国体制不是重走计划经济时期"政府强力主导、忽视市场作用"老路，也不是效仿新自由主义倡导的"完全依赖市场，不要政府介入"。在新型举国体制中，政府与市场不是非此即彼的对立关系，而是相互依存、互为补充，既要贯彻国家意志，聚焦国家重大战略需求，实现国家战略目标，也要维护和激发各类创新主体的活力，发挥市场在科技资源配置中的作用。

励社会资本进入卫星产业的政策，引导各方力量有序参与卫星产业发展。完善市场准入制度，明确民营资本、社会资本进入航天领域的门槛。研究制定商业卫星发展指导意见，促进商业卫星快速发展。优化商业卫星产业链布局，鼓励引导商业卫星企业从事卫星应用和技术转移转化。鼓励多种经济主体和社会力量在国家规划和法律框架下投资建设和运行具备市场化运行条件的卫星，并开展运营及增值服务。紧紧抓住数字产业化、产业数字化发展机遇，面向经济社会发展和大众多样化需求，加大成果转化和技术转移，丰富应用场景，创新商业模式，推动空间应用与数字经济发展深度融合。拓展卫星遥感、卫星通信应用广度深度，实施北斗产业化工程，为国民经济各行业领域和大众消费提供更先进更经济的优质产品和便利服务。第二，加强卫星应用领域政府采购制度完善及政府金融政策扶持，扩大政府采购商业卫星产品和服务范围，推动重大科研设施设备向商业卫星企业开放共享，支持商业卫星企业参与航天重大工程项目研制，建立航天活动市场准入负面清单制度，确保商业卫星企业有序进入退出、公平参与竞争。鼓励以企业为主体通过市场机制提供各类卫星数据产品，定制产品和增值产品。充分利用已建立的融资渠道，构建持续稳定的财政投入机制。鼓励金融机构加大对太空基础设施建设和应用的信贷支持，鼓励民间资本参与卫星产业建设和发展，更要鼓励投资于航天基础创新、产品创新和应用创新等领域，推动我国卫星产业创新和长远发展，提高民营企业的商业竞争力。第三，加大向民营卫星企业技术扶持与资源扶持力度。如美国 SpaceX 公司的发展速度和规模，也并非凭借该公司的一己之力，而是从美国国家航天局获得了很多成熟技术。

第四节　注重提升卫星技术水平与国际影响力

一方面，注重我国卫星产业技术水平的提高，提高卫星通信、卫星遥感和卫星导航等领域的技术水平和全球运营能力，完善我国全球化卫星运营服务体系。

第一，先进卫星技术的取长补短是国与国之间技术交流的前提。即使在冷战时期，美国与苏联也未曾全面终止在航天领域的合作，但美国却将中国排除在合作对象之外，其原因是当时我国卫星技术落后，美国不希望当时其较先进的核心技术被中国获悉。2022年12月，虽然美国因俄乌冲突制裁俄罗斯，但两国在国际空间站依然以实际行动保持合作。时任俄罗斯国家航天局长的尤里·鲍里索夫表示，俄罗斯将尽可能长时间地保持其在国家空间站的存在。不再坚持此前要提前退出空间站的说法，俄美将继续保持在国家空间站的合作，直到国际空间站报废为止。2022年3月，美国宇航员马克·范德·黑搭乘俄罗斯的联盟号火箭①回到地球。2022年7月，俄罗斯女宇航员安娜·基金娜也按计划到美国接受培训，同年10月，她搭乘SpaceX的龙飞船抵达国际空间站。

第二，先进卫星技术的发展是保护本国卫星产业资产正常运营的保障。应着力统筹推进空间环境治理体系建设，加强太空交通管理，建设完善空间碎片监测设施体系、编目数据库和预警服务系统，统筹做好航天器在轨维护、碰撞规避控制、空间碎片减缓等工作，确保太空系统安全稳定有序运行。加强防护能力建设，提高容灾备份、抗毁生存、信息防护能力，维护我国太空活动、资产和其他利益的安全。论证建设近地小天体防御系统，提升监测、编目、预警和应对处置能力。

第三，在探索未知世界和技术创新的过程中容忍和接受失败的可能，并建立健全应对机制。我国卫星产业起步虽然较晚，但凭借"自力更生、艰苦奋斗、大力协同、无私奉献、严谨务实、勇于攀登"的奋斗精神，发展速度令世界瞩目。然而，航天活动本身是一项风险大、成本高的活动，追求万无一失、发射即成功的目标和结果，难免令人在从事相关领域研究时被束缚住手脚，使得创新过程受到风险规避的羁绊，难以

---

① 联盟号火箭曾是苏联研制的第三代载人飞船的名字，联盟号飞船是苏联在积累了多年经验之后，所开发出来的一种最成熟的载人航天器。苏联解体后，俄罗斯沿用该名称至今，与之相对应的载人航天计划称为联盟计划。联盟号飞船首次发射是在1967年，该宇宙飞船是一种多座位飞船，内有一个指挥舱和一个供科学实验和宇航员休息的舱房。由联盟号飞船衍生出的其他航天器包括：联盟T，联盟TM，联盟TMA以及进步号系列等。

提升创新的积极性与活跃度。在探索中有挫折、在挫折中向前进，是创新的规律和特点决定的，因此，不必过分重视"一次成功"，给予技术创新发展的空间与机会。例如，美国维珍轨道公司（Virgin Orbit）在2023 年 1 月 9 日的发射中失利，导致 9 颗卫星随之报废，卫星随着一个21 米长的"机载"小火箭"发射器一号"（Launcher One）坠落在海边。不同于传统运载火箭从地面发射台垂直发射，本次发射计划将小火箭搭载于一架改装过的、名为"宇宙女孩（Cosmic Girl）"的波音 747 机翼下，随后在大西洋上空以"水平发射"方式将卫星送入轨道，意在不用专门发射场即可实现卫星发射目的。这也是该公司以英国本土作为基地开展的首次卫星发射任务，此次发射任务虽然失败，但却有重要的意义。[①] 因为英国卫星制造业发达（萨利卫星、克莱德航天和空客公司等），生产的小卫星约占全球总量的 44%，但卫星发射方面却是短板，尚未有过从英国境内将卫星送入轨道的先例，可称得上是具有突破性的一次大胆尝试。2023 年 1 月 11 日，总部位于加州的美国 ABL 太空系统公司（ABL Space System）的"RS‒1"火箭在阿拉斯加太平洋航天港（PSCA）首飞失利，未能进入轨道，第一阶段的 9 台发动机在升空后同时关闭，导致飞行器未回落到停机坪并爆炸。升空 20 分钟后宣布发射失败。该火箭高 27 米，采用的是液氧煤油发动机，近地轨道的运载能力为1.35 吨，太阳同步轨道运载能力为 1 吨，携带两颗"立方体"卫星，在美国小火箭供应商中处于领先地位，然而经多次推迟发射后仍未能改变发射失利的结局。美国 SpaceX 公司为研究可回收利用火箭技术，前三次发射接连以失败告终，第四次发射才取得成功。由此可见，卫星技术创新并不是能够一帆风顺的，也不可能一蹴而就，过程中必然有曲折和失利。要想掌握世界顶尖卫星科技，就要进一步解放思想，打破"万无一失"的定势思维，不以一时得失论成败，勇于开拓创新、敢于尝试，才能创造卫星技术领域的新突破。

---

① 维珍轨道公司（Virgin Orbit），是英国富豪理查德·布兰森（Richard Branson）旗下航天企业维珍银河公司（VirginGalactic）的子公司。因此，能在英国本土进行卫星发射具有重要意义。

另一方面，注重我国卫星产业的国际影响力建设。提高我国卫星企业和产品的国际知名度，促进中国卫星企业走出国门。

第一，深化人民军队的航天保卫能力。不断提升自主发展能力和安全发展能力。坚持和平利用外层空间，反对外空武器化、战场化和外空军备竞赛。我国卫星产业发展应重视保卫国家安全的作用，以卫星科技力量提高陆、海、空、火箭军与战略支援部队之间的协作能力，以卫星科技力量赋能全军，加强人民军队的航天保卫能力建设。以便合理开发和利用太空资源，切实保护太空环境，维护一个和平、清洁的外层空间，使航天活动造福全人类。美国在历次《国家安全战略》中多次称中国为"对手"，并于2019年2月组建了太空军军种，日本也于2020年5月首次成立宇宙作战队，隶属于日本航空自卫队，主要任务是监控不明卫星、太空垃圾即陨石等，将与日本宇宙航空研究开发机构及美军实现信息共享。对此我国应予充分重视。

第二，利用市场优势提升我国在国际航天事务中的参与度。中国是美国航天产品最大的出口市场，巨大的市场优势是不可忽视的，应该充分利用现有优势进一步提升在国际航天领域的参与程度。既保障自身合理利益，拓展卫星技术和产品全球公共服务，又能积极参与解决人类面临的重大挑战，积极促进对于现有的卫星发射频率和轨位分配制度的完善和修订。国际电信联盟现行的2020年无线电规则依旧保留了"先到先得"的卫星发射频率和轨位分配规则，这一规则与《外空条约》第一条的"平等、不受任何歧视"探索太空的规定相违背。应尽快完善相关的分配机制，公平分配并合理、有效、经济地使用卫星频率和相关轨位。改革变相抑制先发国家的"先到先得"分配原则，创新性确立将公平原则与现有各国的科技实力合理协调的频率和轨位分配机制，充分兼顾后发国家的需求。① 和平探索、开发和利用外层空间是世界各国都享有的平等权利。积极参与国际太空规则制定与修正、谋求公平的发展机会，

① 李寿平：《外空安全面临的新挑战及其国际法律规制》，《山东大学学报》（哲学社会科学版）2020年第3期。

不仅有利于我国卫星产业发展，也为全球太空后发国争取了发展时间与空间。有助于推进联合国 2030 年可持续发展议程目标的实现，在太空领域推动构建人类命运共同体。

第三，加强与邻国之间的国际合作与交流。坚持独立自主与开放合作相结合，深化高水平国际交流与合作。努力寻求突破不平等限制，积极参与国际合作项目参与程度和国际标准制定，营造有利于我国卫星产业发展的国际环境。

第五节　本章小结

本章主要根据美国卫星产业发展历程和产业组织中的优势、问题为我国卫星产业发展提供参考。我国卫星产业的发展起步于 1956 年，历经了艰苦卓绝的奋斗，克服了经济困难与技术上的被封锁，取得了丰硕成果与进步。虽然在整体上与美国卫星产业相比尚存在差距，但是在一些领域也形成了我国自有的优势。大体上可以将我国卫星产业发展历程分为四个阶段：第一阶段是中国卫星产业的准备期（1956 年至 1970 年）；第二阶段是卫星产业技术试验阶段（1971 年至 1984 年）；第三阶段是中国卫星产业走向试验应用并快速增长阶段（1985 年至 2000 年）；第四阶段是中国卫星产业蓬勃发展并出现商业化萌芽阶段（2001 年至今）。我国卫星产业在发展中呈现出三个变化特点：一是，在卫星产业发展初期，政府对卫星产业的主导作用显著；二是，突破了美国技术封锁走向国际市场；三是，实现了主要依靠国外数据向依靠自有卫星数据转变。

我国卫星产业经历了从无到有、从军工逐渐向商业化转变的过程，在发展中有我国的独特的优势，也存在待改进之处。优势主要包括两方面：一是，我国政府发挥职能是改善过度集中的市场结构的强大力量；二是，积极倡导和推动商业化进程改善卫星产业市场绩效，并通过合理运筹自然资源、注重人才资源发挥我国卫星产业优势。发展中存在的问题主要有：管理机构与法律法规不完善制约了市场结构的调整；商业化发展滞后束缚了市场竞争行为；国家资金与政策支持力度不足，不利于市场绩效提高。

要把握政府作用与市场机制的平衡，既考虑到产业特殊性也要兼顾经济效益增长；在发展初期阶段，政府应加大资金扶持与政策激励力度，从美国卫星产业发展经验上看，在技术研发、商业市场培育和对外贸易等方面政府的扶持至关重要；发挥市场配置资源作用，推动我国卫星产业的商业化发展，商业市场培育初具规模后政府应调整自身定位，逐步放松管制、激发市场活力；注重提升卫星技术水平与国际影响力，卫星技术水平的提高，有利于开展国际技术交流与合作，从而提升我国卫星产业的国际影响力，也有利于与有意愿和平发展太空技术的国家共同努力营造良好国际氛围。

结　　论

　　通过本文的研究，发现美国卫星产业组织特点鲜明，对我国发展卫星产业具有一定借鉴意义，得出下列几点结论。

　　第一，美国卫星产业市场结构、市场行为及市场绩效关系随历史发展阶段演变。当前，美国卫星产业的市场结构属于一般寡占型，且拥有较高的进入和退出壁垒，市场中存在以卡特尔为代表的不利于市场竞争的协调行为等不足。但是，依靠美国卫星产业政府投入大、商业化程度较高及国际竞争力强的优势，表现出较好的产业经济效益。从直接效益上看，卫星产业的四大细分领域收入均全球领先，但发展不均衡，处于下游的地面设备制造业与卫星（运营）服务业产值较高；从间接效益上看，美国卫星产业的贡献是通过促进其他产业部门及领域对经济增长的贡献反映出来的。

　　第二，美国卫星产业商业化发展及国际竞争力优势离不开政府的大力扶持。在资金方面，美国政府对太空领域的投资接近全球总量半数，对取得发射许可且满足国家要求的本国私营企业，给予政府补贴扶持其快速发展。在政策方面，美国政府在卫星产业市场结构调整中发挥了重要作用，大力扶持新兴卫星企业发展的做法，突破了寡头对市场的垄断，通过制定和修订促进卫星产业商业化的各项政策，在保障国家安全的前提下激发了市场活力。

　　第三，美国卫星产业发展动态及政策变化值得关切。鉴于美国通过卫星产业技术优势在全球范围内开展结盟与打击行动，意图在全球范围内恢复"统治力"，我国应充分重视卫星产业发展态势。把握政府作用与市场机制的平衡，加大政府资金扶持与政策激励，不断提升我国的卫星技术水平、增加卫星产业经济效益并扩大我国卫星产业的国际影响力，在国家安全框架内促进我国卫星产业持续、稳定、健康发展并为和平利用太空做出努力。

参考文献

外文文献

Adriana Prest Mattedi, Rosario Nunzio Mantegna, "The Comprehensive Aerospace Index (Casi): Tracking the Economic Performance of the Aerospace Industry", *Acta Astronautica*, Vol. 63, Dec 2008.

Chen J., Mcqueen R., "Knowedge Transfer Process for Different Experience Levels of Knowledge Recipients at an Off-shore Technical Support Center", *Jurnal of Information Technology and People*, Vol. 23, 2010.

Detelin S. Elenkov, "Russian Aerospace Mncs in Global Competition: Their Origin, Competitive Strengths and Forms Of Multinational Expansion", *The Columbia Journal of World Business*, Vol. 30, 1995.

Ethan. E. Haase, "Global Commercial Space Industry Indicators and Tends", *Harvard Business School*, Vol. 7, Aug 2000.

European Space Agency, "The International Space Station: a Tool for European Industry", *Air & Space Europe*, Vol. 4, 1999.

Evans M. K., "The Economic Impact of NASA R&D Spending", *Chase Econometric Association*, Inc., 1976.

Frank Morring, Jr., "Industry to Have Role in Plotting Lunar Exploration", *Aviation Week & Space Technology*, Vol. 2, 2006.

F. Auque, "The Space Industry in the Context of the European Aeronautics and Defence Sector", *Air & Space Europe*, Vol. 2, 2000.

Gershon Feder, "On Exports and Economic Growth", *Development Econom-*

ics, Vol. 12, 1982.

Giorgio Petroni, Chiara Verbano, "The Development of a Technology Transfer Strategy in the Aerospace Industry: the Case of the Italian Space Agency", *Technovation*, Vol. 20, 2000,

Henry R. Hertzfeld, "Globalization, Commercial Space and Spacepower in the USA", *Space Policy*, Vol. 23, 2007.

Izani Ibrahim, "On Exports and Economic Growth", *Pengurusan*, Vol. 21, 2002.

John L. Polansky, Mengu Cho, "A University-based Model for Space-related Capacity Building Inemerging Countries", *Space Policy*, Vol. 36, April 2006.

Joosung J. Lee, Seungmi Chung, "Space Policy for Late Comer Countries: A Case Study of South Korea", *Space Policy*, Vol. 27, 2011.

Joseph N. Pelton, R. Johnson, D. Flournoy, "Needs in Space Education for the 21st Century", *Space Policy*, Vol. 20, 2004.

Lisa Daniel, "Satellite Operators Face More Competition in Rural Areas", *Satellite and Network*, Vol. 5, 2007.

L. Bach, P. Cohendet, E. Schenk, "Technological Transfers from the European Space Programs: A Dynamic View and Comparison with Other R&D Projects", *Journal of Technology Transfer*, Vol. 27, 2002.

Michael C. Mineiro, "An Inconvenient Regulatory Truth: Divergence in US and EU Satellite Exportcontrol Policies on China", *Space Policy*, Vol. 27, 2011.

Michael F. Winthrop, Richard F. Deckro, Jack M. Kloeber Jr., "Government R&D Expenditures and US Technology Advancement in the Aerospace Industry: A Case Study", *Journal of Engineering and Technology Management*, Vol. 19, 2002.

M. Gruntman, R. F. Brodsky, D. A. Erwin, J. A. Kunc, "Astronautics Degrees for the Space Industry", *Advances in Space Research*, Vol. 34, 2004.

Nicolas Turcat, "The Link Between Aerospace Industry and Nasa During the Apollo Years", *Acta Astronautica*, Vol. 62, 2008.

Pratistha Kansakar, Faisal Hossain, "A Review of Applications of Satellite Earth Observation Data for Global Societal Benefit and Stewardship of Planet Earth", *Space Policy*, Vol. 36, May 2016.

Roger D. Launius ed. , "Space Program Funding-he Who Dared, NASA: A History of the US Civil Space Program", *Space Policy*, Vol. 12, 1996,

Roger Handberg, "Rationales of the Space Program", *Space Politics and Policy*, Vol. 2, 2004.

R. J. Zelnio, "Whose Jurisdiction Over the US Commercial Satellite Industry? Factors Affecting International Security and Competition", *Space Policy*, Vol. 23, 2007.

Susan J. Trepczynski, "Edge of Space: Emerging Technologies, the 'New' Space Industry, and the Continuing Debate on the Delimitation of Outer Space", *McGill University*, 2006.

Thomas Hiriart, Joseph H. Saleh, "Observations on the Evolution of Satellite Launch Volume Andcyclicalityin the Space Industry", *Space Policy*, Vol. 26, Feb 2009.

Warren E. Leary, "Not So Fast, Lawmakers Say of NASA Plans for Space Plane", *New York Times*, Vol. 10, 2003.

AIA, 2017 Facts & Figures, https://www. aia-aerospace. org/report/2017- facts- figures/.

Bryce Space and Technology, Global Space Industry Dynamics, https://brycetech. com/reports. html.

Euroconsult, Satellite Value Chain, www. euroconsult-ec. com.

Leonard David, Playing the Space Trump Card: Rdlaunching a National Space Council, (2016 – 12 – 29) [2019 – 03 – 15], http://www. space. com/35163-trump-administration-national-space-council. html.

Martin Redfem, Human Spaceflight Goes Commercial, (2006 – 03 – 21) [2018 –

04 - 15], http：//news. bbc. co. Uk/l/hi/sci/tech/4828404. stm.

Midwest Research Institute, Economic Impact and Technological Progress of NASA Research and Development Expenditures, 1988.

Roger E. Bilstein, Orders of Magnitude：A History of the NACA and NASA, http：//www. hq. nasa. gov/office/pao/History/SP-4406.

Satellite Industry Association, State of the Satellite Industry Report, https：// www. sia. org/news-resources/.

Space Foundtion, The Space Report 2017, https：//www. thespacereport. org/resources/economy/annual-economy-overviews

Todd Harrison, Kaitlyn Johnson, Thomas G. Roberts, Space Threat Assessment 2018, https：//aerospace. csis. org/space-threat-assessment-2018/.

Tom Stroup, Comment of the Satellite Industry Association, （2015 - 2 - 6） [2019 - 3 - 1], https：//www. sia. org/news-resources/.

中文文献

著作

段锋：《美国国家安全航天体制》，中国宇航出版社 2018 年版。

亨利·基辛格：《选择的必要：美国外交政策的前景》，商务印书馆 1972 年版。

蒋学模：《政治经济学》（第十一版），经济科学出版社 2008 年版。

焦子愚：《NASA 航天跟踪与数据网发展史》，清华大学出版社 2015 年版。

金壮龙：《航天产业竞争力》，中国宇航出版社 2004 年版。

李一军、闫相斌、卢鹏宇：《航天产业效益平价理论与方法》，哈尔滨工程大学出版社 2009 年版。

刘纪原：《中国航天发展战略探讨》，中国宇航出版社 1991 年版。

栾恩杰、王礼恒等：《航天领域培育与发展研究报告》，科学出版社 2015 年版。

钱振业：《航天技术概论》，中国宇航出版社 1991 年版。

苏东水：《产业经济学》，高等教育出版社 2015 年版。

泰勒尔：《产业组织理论》，中国人民大学出版社 1997 年版。

王俊豪：《产业经济学》，高等教育出版社 2015 年版。

邬义钧、邱钧：《产业经济学》，中国统计出版社 2001 年版。

吴照云：《中国航天产业市场运行机制研究》，经济管理出版社 2004 年版。

夏立平：《美国太空战略与中美太空博弈》，世界知识出版社 2015 年版。

［加拿大］阿米塔·阿查亚：《美国世界秩序的终结》，袁正清、肖莹莹 译，上海人民出版社 2017 年版。

［美］G. J. 施蒂格勒：《产业组织的政府管制》，国际关系研究所编译室 所，上海人民出版社 1996 年版。

［美］丹尼斯·W. 卡尔顿、杰弗里·M. 佩洛天：《现代产业组织》，胡 汉辉、顾成彦、沈华译，中国人民大学出版社 2016 年版。

［美］乔·贝恩：《新竞争者的壁垒》，徐园兴译，人民出版社 2012 年版。

［美］威廉·J. 德沙：《美苏空间争霸与美国利益》，李恩忠等译，国际 文化出版公司 1988 年版。

［英］赫伯特·乔治·威尔斯：《世界简史》，慕青译，中国商业出版社 2017 年版。

学位论文

陈金伟：《基于模块化理论的欧洲航天产业组织研究》，硕士学位论文， 南京航空航天大学，2009 年。

程广仁：《卫星运营企业规模经济研究》，博士学位论文，哈尔滨工业大 学，2008 年。

樊伟：《卫星遥感渔场渔情分析应用研究——以西北太平洋柔鱼渔业为 例》，博士学位论文，华东师范大学，2004 年。

江海容：《基于产业链构建的军民两用卫星技术转移研究》，硕士学位论 文，南京航空航天大学，2009 年。

刘亚飞：《海洋遥感技术及其渔业应用研究》，硕士学位论文，浙江海洋大学，2016年。

刘洋：《资源卫星产业对我国国民经济贡献研究》，硕士学位论文，哈尔滨工业大学，2007年。

罗元青：《产业组织结构与产业竞争力研究——基于汽车产业的实证分析》，博士学位论文，西南财经大学，2006年。

沈汝源：《美国航天产业发展研究》，博士学位论文，吉林大学，2015年。

佟岩：《卫星遥感技术行业应用效益评价研究》，硕士学位论文，哈尔滨工业大学，2008年。

万青：《中国航天产业政策研究》，硕士学位论文，南京航空航天大学，2008年。

杨小亭：《航天技术应用产业发展公共政策分析研究》，博士学位论文，复旦大学，2012年。

杨莹：《我国卫星产业的成长机理研究》，硕士学位论文，哈尔滨工业大学，2007年。

尹常琦：《美国航天产业市场结构与绩效研究》，硕士学位论文，南京航空航天大学，2009年。

张国航：《航天体制构建的中国路径研究》，博士学位论文，中共中央党校，2017年。

郑波：《试论美国对华卫星出口管制政策——以"中星八号"为例》，硕士学位论文，外交学院，2014年。

期刊

蔡高强、刘功奇：《中国商业卫星产业知识产权保护探析》，《北京理工大学学报》（社会科学版）2015年第2期。

陈菲：《美国空间信息系统军民融合发展策略》，《中国航天》2015年第2期。

陈杰：《美国商业航天产业对国民经济的影响分析》，《中国航天》2007年第7期。

陈玉平：《江苏经济增长中外资投资贡献的计量分析》，《江苏社会科学》

2004 年第 6 期。

陈志恒、崔健、廉晓梅等：《东北亚国家区域合作战略走向与中国的战略选择（笔谈）》，《东北亚论坛》2014 年第 5 期。

成振龙：《富创公司发布〈2014 年全球航天竞争力指数〉报告》，《卫星应用》2014 年第 8 期。

程广仁：《全球固定卫星运营业市场结构分析和启示》，《中国航天》2006 年第 5 期。

戴志敏、郑万腾：《高新技术产业溢出效应的菲德模型分析——以江西省为例》，《华东经济管理》2016 年第 30 期。

范晨：《国外航天公司商业模式发展趋势分析》，《卫星应用》2015 年第 11 期。

龚燃：《美国发布新版〈商业地理空间情报战略〉》，《卫星应用》2019 年第 2 期。

龚燃：《美国商业对地观测数据政策发展综述》，《国际太空》2016 年第 5 期。

郭岚、张祥建：《中国载人航天产业投资与经济增长的关联度》，《改革》2009 年第 4 期。

韩惠鹏：《2018 上半年全球发射卫星概况及发展趋势分析》，《卫星与网络》2018 年第 8 期。

韩惠鹏：《国外高通量卫星发展综述》，《卫星与网络》2018 年第 8 期。

何继伟、潘坚、林蔚然：《国外航天技术的直接经济效益》，《中国航天》2000 年第 8 期。

何奇松：《"天基丝路"助推"一带一路"战略实施——军事安全保障视角》，《国际安全研究》2016 年第 3 期。

何奇松：《大国太空防务态势及影响》，《现代国际关系》2018 年第 2 期。

何奇松：《美国的卫星出口管制改革》，《美国研究》2014 年第 4 期。

贺鹏梓：《从人事看特朗普的航天布局——美国商业航天前瞻之二》，《卫星与网络》2016 年第 11 期。

宏裕闻：《卫星遥感在美国农业上的应用》，《全球科技经济瞭望》1997年第4期。

黄志澄：《美国商业航天发展的经验教训》，《国际太空》2019年第1期。

江天骄：《美日深化在太空安全领域合作探析》，《美国研究》2016年第2期。

金泳锋：《中国高技术产业专利活动实证研究——以卫星产业为例》，《科技进步与对策》2015年第3期。

空间瞭望智库：《2018年全球十大航天新闻》，《卫星应用》2019年第1期。

雷帅：《美国商业航天运输及使能产业的经济影响分析和展望》，《中国航天》2011年第3期。

李成方、孙芳琦：《美国商业航天准入管理制度分析》，《中国航天》2017年第1期。

李莲：《基于财务管理视角的SpaceX公司火箭低成本分析及启示》，《中国航天》2018年第8期。

廖丰湘、李树丞：《论中国卫星产业发展的现状与对策》，《湖南大学学报》（社会科学版）2001年第S2期。

林蔚然、许平：《2005年世界主要航天大国的政府预算》，《中国航天》2005年第2期。

刘进军：《2019年世界航天发射预报》，《卫星与网络》2019年第3期。

柳林等：《太空经济效益分析方法综述》，《系统工程》2017年第2期。

龙江、肖林、孙国江：《SpaceX公司运行模式对我国航天产业的启示》，《中国航天》2013年第11期。

龙雪丹、曲晶、杨开：《"猎鹰重型"火箭成功首飞及未来应用前景分析》，《国际太空》2018年第3期。

栾恩杰：《关于"商业航天"有关问题的讨论》，《国防科技工业》2018年第8期。

栾恩杰、王崑声：《我国卫星及应用产业发展研究》，《中国工程科学》

2016 年第 4 期。

马忠成、赵云、王超伦：《卫星总体单位产业链延伸策略探索》，《卫星应用》2016 年第 6 期。

毛凌野：《2017 年〈卫星产业状况报告〉》，《卫星应用》2017 年第 8 期。

毛凌野：《中国航天科技集团发布首个航天活动蓝皮书》，《卫星应用》2019 年第 2 期。

潘坚、何继伟、林蔚然：《航天技术的间接经济效益》，《中国航天》2000 年第 7 期。

庞德良、沈汝源：《美国航天产业发展特点及对中国的启示》，《科技进步与对策》2014 年第 12 期。

戚聿东：《我国产业组织研究的奠基性著作〈产业组织及有效竞争〉评介》，《管理世界》1991 年第 2 期。

乔琳：《金砖五国教育投资对经济增长的外溢效应——基于菲德模型的实证研究》，《中央财经大学学报》2013 年第 4 期。

石源华：《美日、美韩同盟比较研究——兼论美日韩安全互动与东北亚安全》，《国际观察》2006 年第 1 期。

瓦哈甫·哈力克、朱永凤、何琛：《从夜间灯光看中国旅游经济发展及其空间溢出效应——基于空间面板计量模型的实证研究》，《生态经济》2018 年第 3 期。

王贤斌、黄亮雄：《夜间灯光数据及其在经济学研究中的应用》，《经济学动态》2018 年第 10 期。

王宜晓、王一然：《卫星应用产业效益估计的相似系统方法》，《系统工程与电子技术》2009 年第 8 期。

卫星应用编辑部：《2018 年中国卫星应用十大事件》，《卫星应用》2019 年第 1 期。

魏后凯：《中国制造业集中与市场结构分析》，《管理世界》2002 年第 4 期。

吴文：《欧洲咨询公司发布卫星产业价值链报告》，《中国航天》2015 年第 4 期。

吴照云：《航天产业结构及其与市场运行机制的差异性分析》，《当代财经》2004 年第 10 期。

唐雄：《基于 SCP 范式的全球油田服务产业组织分析》，《理论月刊》2013 年第 8 期。

邢月亭、王一然：《基于竞争力方程的美国卫星服务业竞争力分析》，《中国航天》2014 年第 2 期。

徐枫、李云龙：《基于 SCP 范式的我国光伏产业困境分析及政策建议》，《宏观经济研究》2012 年第 6 期。

徐福祥：《21 世纪中国卫星企业有效运营模式的探索与实践》，《中国航天》2002 年第 9 期。

徐康宁、陈丰龙、刘修岩：《中国经济增长的真实性：基于全球夜间灯光数据的检验》，《经济研究》2015 年第 9 期。

闫兴斌、李一军：《我国资源卫星的社会效益及其 CVM 评价》，《系统工程理论与实践》2009 年第 7 期。

杨冬、姚磊等：《我国民用遥感卫星政策现状及商业化发展研究》，《军民两用技术与产品》2013 年第 9 期。

佚名：《波音、洛马和 ULA 垄断美政府航天投资 SpaceX 作为"新航天"代表参与竞争》，《卫星与网络》2018 年第 4 期。

尹玉海、田炜：《美国航天飞机商业化的若干问题》，《中国航天》2005 年第 8 期。

张茗：《如何定义太空：美国太空政策范式的演进》，《世界经济与政治》2014 年第 8 期。

张雪松：《解读重型猎鹰火箭的第三次发射》，《卫星与网络》2019 年第 6 期。

张扬：《太空自由——以历史视野解读美国太空战略》，《社会科学战线》2009 年第 6 期。

张召才、李炤坤：《国外主要小卫星制造商竞争力评价》，《卫星应用》2016 年第 11 期。

赵晓雷、张祥建、何骏：《全球航天产业的市场竞争格局分析》，《世界经济研究》2010 年第 4 期。

周胜利、彭涛:《美国政府对商业遥感数据的使用情况》,《国际太空》
2003 年第 10 期。

左静贤、温静、赵彦艳:《遥感技术在美国农作物估产中的应用》,《世
界农业》2014 年第 3 期。

张杨:《美国外层空间政策与冷战——兼论冷战的知觉错误与过度防御心
理》,《美国研究》2005 年第 3 期。

后　记

　　卫星产业是一个兼具经济效益与政治军事效益的战略性新兴产业。美国卫星产业在全球居领先地位，不仅在经济方面为其带来可观的效益，而且利用卫星技术开展国际合作与结盟或是军事威慑与对抗，还有利于增强"国家威信"。由于卫星产业在信息、新材料、新能源、节能环保和生物医药等领域的转化应用对经济发展有巨大促进作用，因而被确立为我国战略性新兴产业的重点发展方向。为此，系统认识美国卫星产业及其组织的发展规律与经验是有必要的。本书从产业经济学视角，概述了美国卫星产业的发展历程，并论述了美国卫星产业的市场结构、市场行为与市场绩效，及三者之间的关系，期望通过对其优势与劣势的甄别对我国卫星产业发展有所助益，也希望有越来越多的人关注这一领域。

　　文章中囿于作者写作水平及资料占有量可能存在诸多不足之处，行文中如有不当，请予雅正！感谢！本书为作者 2021 年承担的吉林省社会科学基金项目，项目编号：2021B72。同时，感谢长春师范大学学术专著出版计划项目对本书的大力支持。